"十二五"职业教育国家规划教材
经全国职业教育教材审定委员会审定

现代创意新思维
DESIGN
十二五高等院校
艺术设计规划教材

InDesign CS6

数字化｜版面设计

——设计 + 制作 + 印刷 + 商业模版

（第2版）

曹国荣 田振华 编著

U0390290

人民邮电出版社
北 京

图书在版编目（CIP）数据

InDesign CS6数字化版面设计：设计+制作+印刷+商业模版：第2版 / 曹国荣，田振华编著. -- 2版. -- 北京：人民邮电出版社，2015.1（2023.3重印）
（现代创意新思维）
十二五高等院校艺术设计规划教材
ISBN 978-7-115-34816-6

Ⅰ．①I… Ⅱ．①曹… ②田… Ⅲ．①排版—应用软件—高等学校—教材 Ⅳ．①TS803.23

中国版本图书馆CIP数据核字(2014)第137056号

内 容 提 要

本书主要讲解如何使用InDesign进行数字化版式设计与制作。

本书由两大主线贯穿，一条主线是实际的工作项目，另一条主线是软件操作技能。通过学习本书，读者既可以掌握常见印刷品的设计与制作方法，又可以在学习这些案例的过程中掌握实际工作中最常用的软件功能。

全书共有12个项目，项目01介绍了软件的基础知识，以及设计与制作的基础知识；项目02_项目09讲解了大量的实际案例，包含了最常见的商业案例，如卡片设计、宣传折页设计等；项目10讲解了InDesign的输出设置，包括输出PDF、打印设置和打包设置；项目11是一个工作流程实例，总结了整个流程中的常见问题和易犯错误；项目12是一个实际的工作流程。

本书适合作为高等院校数字化版式设计的教材，也可供从事版式设计相关工作的设计师阅读。

◆ 编　著　曹国荣　田振华
　　责任编辑　王　威
　　责任印制　杨林杰

◆ 人民邮电出版社出版发行　　北京市丰台区成寿寺路 11 号
　邮编　100164　电子邮件　315@ptpress.com.cn
　网址　http://www.ptpress.com.cn
　北京瑞禾彩色印刷有限公司印刷

◆ 开本：787×1092　1/16
　印张：13.25　　　　　　　　2015 年 1 月第 2 版
　字数：287 千字　　　　　　 2023 年 3 月北京第 14 次印刷

定价：65.00 元（附光盘）

读者服务热线：(010)81055256　印装质量热线：(010)81055316
反盗版热线：(010)81055315

前言

‹‹‹‹‹‹‹‹‹

版式设计是设计艺术的重要组成部分，是视觉传达的重要手段。它是设计师必须具备的技能。本书所讲解的设计知识，均与版式设计相关，其中对齐、亲密性、重复、对比等设计的基本原理同样适用于设计的其他门类。

制作，也可以称为排版，是指根据设计师提供的版式及样章，利用专业的制作（排版）软件完成整个出版物的制作（排版）工作。

印刷与我们的日常生活密不可分，如书刊、报纸、产品包装等，因此，它是设计作品最常用的表现形式之一。本书用较简明、学生容易理解的方式，讲解了与版式设计有关的印刷知识。

要成为一名设计师，只有将设计、制作、印刷相互结合，才能创作出优秀的设计作品。

本书力求将与版式设计有关的设计、制作、印刷知识通过案例串连起来，并在案例后安排相关的知识拓展，对案例中涉及的重要知识点进行归纳总结，使读者真正知其然并知其所以然。另外，本书对职业发展规划及职业道德方面的知识也进行了深入的剖析。

本书由两大主线贯穿。

一条主线是实际的工作项目，即单页设计→宣传折页设计→广告插页设计→路线图设计→画册设计→……→出版物设计等。

另一条主线是软件操作技能，即软件基础→文字→样式→颜色设置→……→版面融合→生成目录→打包输出等。

通过学习本书，读者既可以掌握常见印刷品的设计与制作方法，又可以在学习这些案例的过程中掌握实际工作中最常用到的软件功能。

本书以 InDesign 作为版式设计工具进行讲解，共有 12 个项目，各项目的主要内容如下。

项目 01 介绍了软件的基础知识，以及设计与制作的基础知识，有助于读者更好地学习本书后面的内容。

项目 02 ~ 项目 09 讲解了多个实战案例，包含了最常见的商业案例，如卡片设计、宣传折页设计、画册设计、图书版式设计、杂志内文版式设计、目录设计、表格设计等。在讲解方式上，本书真正做到理论与实践相结合，在实例讲解过程中，穿插了大量的经验、技巧和常见问题，其中有很多都是业内口口相传的实战经验。

项目 10 讲解了 InDesign 数字出版的相关知识，包括可以发布于电脑、移动终端的各种数字出版物。

项目 11 讲解了 InDesign 的输出设置，包括输出 PDF、打印设置和打包设置，只有正确地对制作文件进行了输出，才能够将设计作品付诸印刷。

项目 12 是一个工作流程实例，完全模拟实际的排版工作流程进行讲解，并总结了整个流程中的易犯错误和常见问题，有助于读者提高流程掌控能力，另外还分享了有关职业技能、职业道德的相关内容。

本书主要由曹国荣编写，田振华等也参与了部分内容的编写工作。

本书得到了北京市教委和编者所在单位的资助，在此表示感谢。

本书附有一张光盘，包括本书所有案例的素材文件。案例中涉及的文字仅为示意，无任何具体意义，特此声明。

由于时间仓促加之编者水平有限，书中难免存在错误和不足之处，恳请广大读者指正。

在学习过程中遇到任何与本书有关的技术问题，或完成本书相关训练，可于新浪微博 @boxertian 获得指导。

编者

2014 年 8 月

CONTENTS 目 录 ▶

项目07　商业表格的制作——编辑处理表格　125

项目08　出版物的版式设计——版式的构造与融合　135

项目09　出版物的索引——目录的处理　149

项目10　数字出版物设计　165

项目11　印刷品的输出设置　187

项目12　工作流程实例　195

项目01

InDesign版式设计入门

如何学习InDesign?

InDesign只是一个工具,我们用它来完成工作,实现创意。我们不仅应该熟练掌握InDesign的各种功能,更重要的是,要真正地将这些功能与实际工作结合起来,掌握如何用InDesign更好地实现创意,更快地完成工作任务,并且将错误率降到最低。

技术要点

◎ InDesign的核心功能。

◎ 与InDesign相关的设计、制作及印刷知识。

课时安排

任务1 掌握软件的基础知识　　　　0.5课时

任务2 掌握版式设计的基础知识　　0.5课时

任务1 掌握软件的基础知识

第一个任务就是了解 InDesign 的工作环境。InDesign 的工作环境十分明了，设计师能够快捷地找到工具的位置。

↘ 1. InDesign的软件界面

打开 InDesign 软件，认识各选项的名称。在 Adobe 系列软件中，不同应用程序（Photoshop、Illustrator 等）的工作区具有相似的外观，因此，读者可以轻松地在应用程序之间切换，如图 1-1 所示。

图1-1

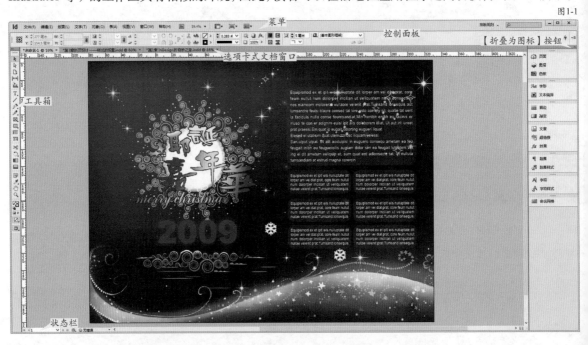

↘ 2. 菜单、工具箱和面板

图1-2

菜单

菜单是所有应用程序的集合，面板中的选项在菜单中都能找到，菜单包括文件菜单、编辑菜单、版面菜单、文字菜单、对象菜单、表菜单、视图菜单、窗口菜单和帮助菜单。

文件菜单 主要功能为新建、打开、存储、关闭、导出和打印文件，如图 1-2 所示。

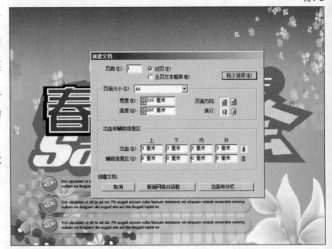

新建菜单下的新建文档功能

编辑菜单　主要功能为复制、粘贴、查找／替换、键盘快捷键和首选项等，如图 1-3 所示。

版面菜单　版心大小的调整、页码的设置都通过版面菜单进行操作，如图 1-4 所示。

图1-3

图1-4

编辑菜单下的首选项功能

版面菜单下的版面调整功能

文字菜单　所有关于文字的操作选项都在此菜单中，主要包括字体、字号、字距和行距等，如图 1-5 所示。

对象菜单　为图形、图像添加效果，调整对象的叠放顺序等都通过对象菜单进行操作，如图 1-6 所示。

图1-5

图1-6

文字菜单下的字符和段落功能

对象菜单下的效果和路径查找器功能

表菜单　对表格的设置都在表菜单中进行，如图 1-7 所示。

视图菜单　视图菜单可以调整是否显示文档中的参考线、框架边缘、基线网格、文档网格、版面网格、框架网格和栏参考线等，如图 1-8 所示。

图1-7

图1-8

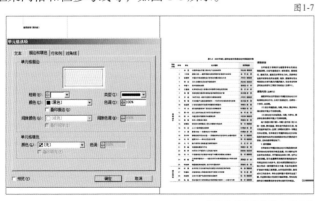

表菜单下的单元格选项功能

视图菜单下的参考线显示功能

窗口菜单 主要用于打开各种选项的面板。在界面中找不到的面板都可以在窗口菜单中找到，如图 1-9 所示。

帮助菜单 对于不明白的命令、选项或使用方法，可通过帮助菜单来了解，如图 1-10 所示。

图1-9

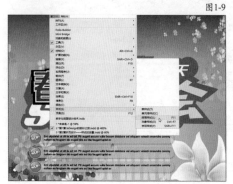

窗口菜单下的各面板选项

图1-10

帮助界面

工具箱

工具箱中集合了最常用的工具，如图 1-11 和表 1-1 所示。工具箱默认为垂直方向的两列工具，也可以将其设置为单列的或单行的。要移动工具箱，可以拖曳其标题栏。

图1-11

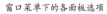

选择工具

绘图和文字工具

变形工具

修改和导航工具

交换填色/描边

填色
描边
格式针对容器
应用颜色
应用渐变
应用"无"

默认填色/描边
格式针对文本
"正常"视图模式
"预览"模式

在默认工具箱中单击某个工具，可以将其选中。工具箱中还包含几个与可见工具相关的隐藏工具。工具图标右侧的箭头表明此工具下有隐藏工具，如图 1-12 所示。单击并按住工具箱内的当前工具，然后选择需要的工具，即可选定隐藏工具。

图1-12

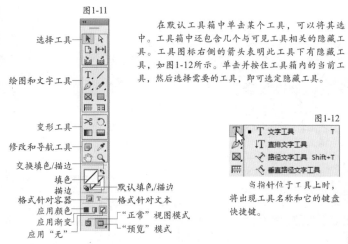

文字工具 T
直排文字工具
路径文字工具 Shift+T
垂直路径文字工具

当指针位于 T 具上时，将出现工具名称和它的键盘快捷键。

表1-1

工具名称	快捷键	工具名称	快捷键	工具名称	快捷键
选择工具	V	平滑工具	—	缩放工具	S
直接选择工具	A	抹除工具	—	切变工具	O
位置工具	Shift+A	直线工具	/	剪刀工具	C
钢笔工具	P	矩形框架工具	F	自由变换工具	E
添加锚点工具	=	椭圆框架工具	—	渐变色板工具	G
删除锚点工具	-	多边形框架工具	—	渐变羽化工具	Shift+G
转换方向点工具	Shift+C	矩形工具	M	附注工具	—
文字工具	T	椭圆工具	L	吸管工具	I
直排文字工具	—	多边形工具	—	度量工具	K
路径文字工具	Shift+T	水平网格工具	Y	抓手工具	—
垂直路径文字工具	—	垂直网格工具	Q	缩放显示工具	Z
铅笔工具	N	旋转工具	R		

正常视图模式　在标准窗口中显示版面及所有可见网格、参考线、非打印对象，如图 1-13 所示。

预览视图模式　完全按照最终输出显示图片，所有非打印元素（网格、参考线、非打印对象等）都不显示，如图 1-14 所示。

出血视图模式　完全按照最终输出显示图片，所有非打印元素（网格、参考线、非打印对象等）都不显示，而文档出血区内的所有可打印元素都会显示出来，如图 1-15 所示。

辅助信息区视图模式　完全按照最终输出显示图片，所有非打印元素（网格、参考线、非打印对象等）都被禁止，而文档辅助信息区内的所有可打印元素都会显示出来，如图 1-16 所示。

图1-13　　　　　　　　　　　　　　　　　　图1-14

图1-15　　　　　　　　　　　　　　　　　　图1-16

面板

启动 InDesign 时，会有若干组面板缩进在界面的一侧，这样可以节省界面空间，若面板全部显示，则很容易占满屏幕的整个空间，以至于除面板外看不到其他内容。虽然可以使用快捷键打开面板，但是读者可能更喜欢通过单击面板来实现操作。我们可以将面板折叠为只显示其选项卡和标题栏的"折叠"面板，如图 1-17 所示。

图1-17

图1-18

⬎ 3. 常用功能快速入门

以下要讲的软件知识都是平面设计师必须掌握的，也是本书的重点内容。

（1）在 InDesign 中添加文字的方法。

添加文字有 4 种方法。一是置入法，执行"文件 / 置入"命令，在对话框中选择需要置入的文字路径，单击【打开】按钮，将光标移动到页面空白处，单击即完成置入文字的操作；二是复制粘贴法，复制一段文字，然后在 InDesign 中粘贴即可；三是拖曳文本文件法，将文本文件由资源管理器窗口拖曳到 InDesign 的空白页面中；四是输入文字法，用【文字工具】拖曳一个文本框，然后在文本框里输入文字即可。在 InDesign 中，文字有文本框，图片有图片框，在输入文字时，需要拖曳一个文本框才能进行输入文字的操作。

（2）为文字和段落设置字体、字号、行距和缩进的方法。

【字符】面板用于设置文字的外观，包括字体、字号、行距、字符间距等。【段落】面板用于设置段落的外观，包括段落的对齐方式、左右缩进、首行左缩进、末行右缩进和首字下沉等。单击面板右侧的三角按钮可以展开更多关于字符和段落的选项，如图 1-18 所示。字符和段落的外观也可以通过控制面板进行设置，用【文字工具】选择需要设置的文字，在控制面板上会出现相应的设置选项。

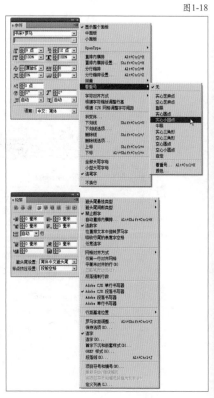

（3）为对象填充颜色的方法。

　　填色可以为路径内部填充实心颜色，也可以为路径填充线性或径向渐变，所以路径（包括开放的路径）均可以应用填色操作，如图 1-19~ 图 1-28 所示。

图1-19

图1-20

01 利用【选择工具】选择填色的对象，单击【色板】面板的【填色】按钮，使其置于上方，表示当前是填充颜色操作。

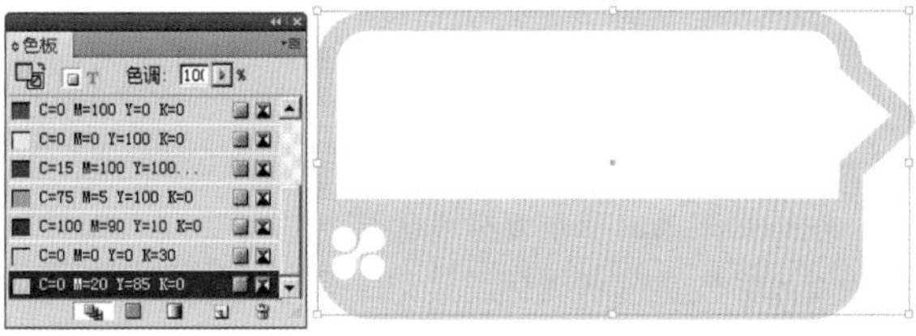

02 单击【色板】面板中的颜色，使颜色应用于所选的对象上。

图1-21

图1-22

03 利用工具箱填充颜色的方法。单击【填色】按钮，使其置于上方，表示当前是填充颜色操作。

04 单击【应用颜色】按钮，将最近使用的颜色应用于所选对象上。

图1-23

图1-24

05 拖曳颜色的方法。将颜色从【色板】面板中拖曳出。

06 将拖曳出的颜色放在对象里即可完成填色的操作。使用拖曳颜色的方法可以不选择对象。

图1-25

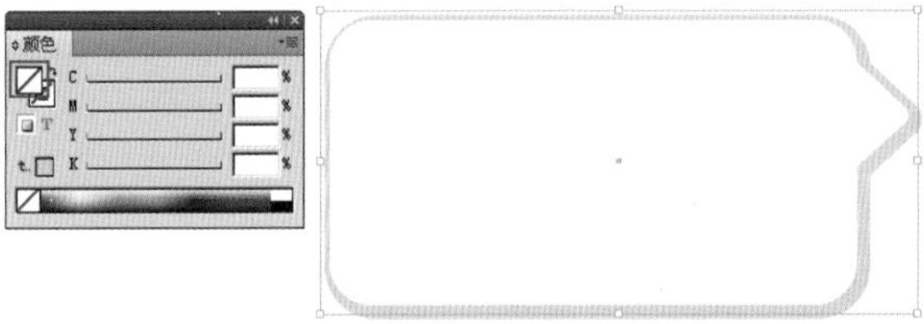

图1-26

07 利用【颜色】面板填色的方法。用【选择工具】选择填色的对象，单击【填色】按钮。

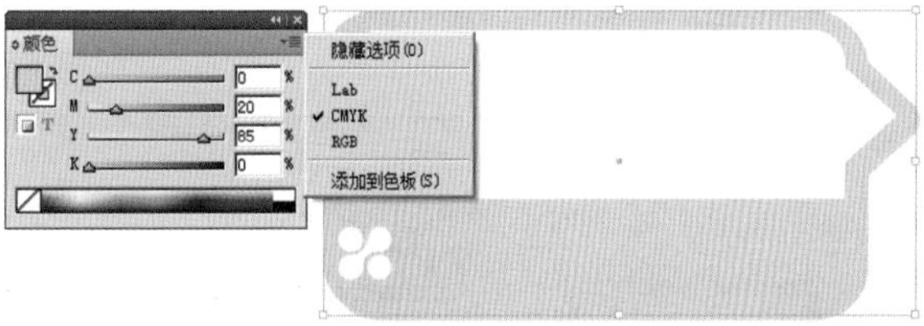

08 在CMYK数值框中输入颜色，拖曳滑块或在颜色条上单击颜色，都可以使对象应用颜色，单击【颜色】面板右侧的三角按钮可以选择颜色类型。

图1-27

图1-28

09 用【吸管工具】填色的方法。使用【吸管工具】从对象中提取所需要的颜色。

10 在需要应用颜色的对象上单击填充颜色。

（4）同一个段落中中文和英文使用不同字体的方法。

InDesign 的复合字体功能可以设置同一段落中中英文字体不相同，执行"文字 / 复合字体"命令，在【复合字体编辑器】中设置需要的中文字体和英文字体即可，如图 1-29 所示。详细的操作步骤请参阅项目 02 中的相关内容。

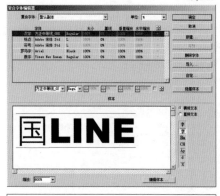

图1-29

（5）每段或每篇文字使用相同文字属性的方法。

在排版图书时，重复操作很多，为了提高工作效率，我们通常为重复性较多的各级标题、正文和附注指定段落样式。段落样式包含【字符】面板和【段落】面板中的所有选项，字符样式只包含【字符】面板中的选项，字符样式服务于段落样式。段落样式应用于整个段落，字符样式则应用于段落中的某些字符，而嵌套样式则能让段落中同时包含两种样式的功能，如图 1-30 所示。

位于沙尔费蓝柯（**Scharfe Lanke**）的纽曼住宅（**Neumann Haus**），以及一幢坐落在柏林夏洛腾堡（**Charottenburg**）斯克罗斯大街（**Schlossstrasse**）上的高级住宅（1976—1978）。

图1-30

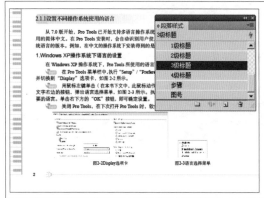

（6）调整标点的方法。

可以使用 InDesign 的标点挤压功能来调整标点，如图 1-31 所示。标点挤压用来设置中文、英文及各种标点符号等的间距。在标点挤压中，找到两个需要进行设置的标点，并减小其间距即可。

图1-31

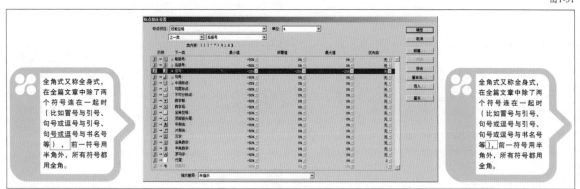

全角式又称全身式，在全篇文章中除了两个符号连在一起时（比如冒号与引号、句号或逗号与引号、句号或逗号与书名号等），前一符号用半角外，所有符号都用全角。

全角式又称全身式，在全篇文章中除了两个符号连在一起时（比如冒号与引号、句号或逗号与引号、句号或逗号与书名号等），前一符号用半角外，所有符号都用全角。

（7）渐变文字的设置方法。

项目 04 中的一个案例完全是用渐变来完成的，读者认真完成这个案例后，就能够将渐变文字的设计方法熟练掌握了，如图 1-32 所示。

图1-32

（8）InDesign 与 Illustrator 的绘图区别。

　　这样的理解是错误的，InDesign 增加钢笔工具组，仅仅是为了绘制一些简单的路径，如版面中页眉、页脚上修饰性的小图形，步骤号上的小图标，简单的线路图等，这样就不需要为了绘制一个简单的五角星也要兴师动众地打开 Photoshop 或 Illustrator。但是，InDesign 无法替代 Photoshop 和 Illustrator 的功能，用钢笔抠图是 Photoshop 的看家本领，InDesign 无法做得更好；另外，InDesign 只能绘制一些简单的图形，而层次比较复杂的矢量图形，还需要用 Illustrator 来完成，如图 1-33 所示。本书的项目 05 深入剖析了钢笔工具的各种用法，建议读者深入学习这部分内容，这对掌握 Adobe 其他软件中钢笔工具的用法也会有很大的帮助。

图1-33

Photoshop抠图　　　　　　　　　　　　　　　　　　　Illustrator绘制插画

（9）在 InDesign 中设置描边的方法。

选中一个图形，执行"窗口 / 描边"命令，可以设置图形的粗细、线型等，在 InDesign 中可以做出很多漂亮的描边效果，如图 1-34 所示。

图1-34

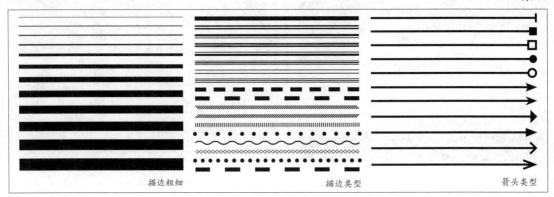

描边粗细　　　　　　　　　描边类型　　　　　　　　　箭头类型

图1-35

（10）【路径查找器】选项的使用。

使用【路径查找器】面板可以创建复合形状的图形，如图 1-35 所示，复合形状可由简单路径、复合路径、文本框架、文本轮廓或其他形状组成。复合形状的外观取决于所选择的【路径查找器】按钮。

【添加】按钮 跟踪所有对象的轮廓以创建单个形状。

【减去】按钮 前面的对象在底层的对象上"打孔"。

【交叉】按钮 从重叠区域创建一个形状。

【排除重叠】按钮 从不重叠的区域创建一个形状。

【减去后方对象】按钮 后面的对象在顶层的对象上"打孔"。

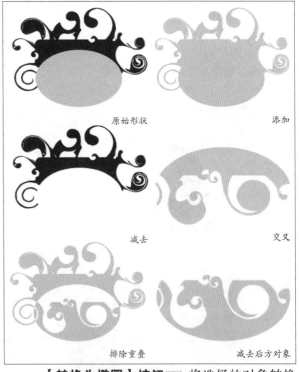

原始形状　　　　　　添加

减去　　　　　　交叉

排除重叠　　　　　　减去后方对象

选择一个图形，在【路径查找器】面板中单击【转换形状】的任意一个按钮，可以将现有形状改变为其他形状。

【转换为矩形】按钮 将选择的对象转换为矩形。

【转换为圆角矩形】按钮 将选择的对象转换为圆角矩形，并应用"圆角"选项（使用【角选项】对话框中的选项进行设置）。

【转换为斜角】按钮 将选择的对象转换为斜角矩形，并应用"斜角"选项（使用【角选项】对话框中的选项进行设置）。

【转换为反向圆角矩形】按钮 将选择的对象转换为反向圆角矩形，并应用"反向圆角"选项（使用【角选项】对话框中的选项进行设置）。

【转换为椭圆】按钮 将选择的对象转换为椭圆，如果选择的是正方形，那么得到的图形是圆形。

【转换为三角形】按钮 将选择的对象转换为三角形。

【转换为多边形】按钮 将选择的对象转换为多边形。

【转换为直线】按钮 将选择的对象转换为直线。

【转换为垂直或水平直线】按钮 将选择的对象转换为一条垂直或水平直线。

（11）获取图片和调整图片大小的方法。

InDesign 获取图片的方法有：执行"文件/置入"命令或直接将图片拖入 InDesign 中。在 InDesign 中，所有的图片都是有外框的，在调整图片大小时一定要注意，如果需要同时调整图片及其外框，应按住 Ctrl+Shift 组合键进行拖曳。

（12）链接图片的作用。

当我们将一张图片置入 InDesign 文档中时，这张图片并没有真的存在于 InDesign 文档中，而是在 InDesign 中创建了一个低分辨率的缩览图，该图片被称为 InDesign 的"链接图片"。这样做的好处是，可以减小 InDesign 的负担，提高 InDesign 文档打开、编辑的速度，从而提高设计师的工作效率，同时也减少了错误发生率（文档过大，发生错误的几率会很高，甚至会完全损坏文档）。

（13）【链接】面板的使用方法。

执行"窗口/链接"命令，即可打开【链接】面板，如图 1-36 所示。【链接】面板可不是用来设置网页中的超链接的，它主要用来管理置入 InDesign 中的链接图片，如查看链接图片的基本信息（色彩模式、尺寸、存储路径等）、快速定位链接图片在文档中的位置、实时监视链接图片是否丢失或被更改等。

图1-36

（14）InDesign 的表格功能。

InDesign 拥有非常强大的表格功能，就凭这一点，就值得所有的 PageMaker 用户抛弃 PageMaker 改用 InDesign。如图 1-37 所示，在 InDesign 中，可以直接置入在 Word 中绘制的表格，甚至可以直接复制粘贴 Word 中的表格，并且可以进行进一步的编辑、调整。需要注意的是，Word 中的颜色都是 RGB 的，需要在 InDesign 中将其更改为相近的 CMYK 颜色，否则在印刷时颜色偏差会很大。

图1-37

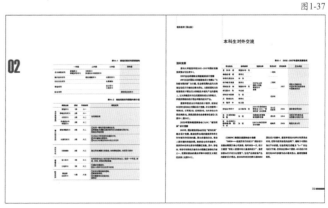

图1-38

（15）主页的作用。

主页是一个特殊的页面，我们可以将它理解为一个"模板"，如图1-38所示。在主页中绘制一个图形或输入一段文字，那么它们将会出现在应用了这个主页的所有页面中，并且在普通页面中无法直接编辑主页上的对象。主页通常用来制作页眉、页脚等页面元素，如书名、页码等，这样既能节省时间，也避免了在排版过程中，由于误操作而删除或移动页眉、页脚。

（16）创建自动页码的方法。

切换至主页，拖曳一个文本框，执行"文字 / 插入特殊字符 / 标志符 / 当前页码"命令，即可插入自动页码。在主页上直接写个字母"N"无法实现自动页码功能，在普通页面上直接输入1、2、3、4也是不科学的方法。

主页上的设计元素

图1-39

（17）InDesign 的图层功能。

InDesign 也有图层功能，但用法和 Photoshop 不太一样。InDesign 的图层功能很少被用到，笔者通常用它保护主页中的对象，将文字、图片、背景色块分开，如图 1-39 所示。

（18）文本绕排的使用方法。

很多排版软件都有文本绕排功能，InDesign 也不例外。文本绕排用来设置文本和图片的关系，如图 1-40 所示。执行"窗口 / 文本绕排"命令，即可打开【文本绕排】面板。

图1-40

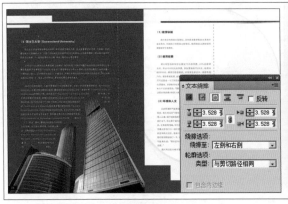

（19）书籍的作用及使用方法。

为了避免文档过大所带来的各种问题（打开慢、编辑慢、容易发生软件错误等），通常将一本书拆分为多个文档进行制作，例如，一本书有 15 章，我们就用 15 个文档来做，如图 1-41 所示。

当文档过多时，导出 PDF 或打印都需要一个一个地打开文档，很不方便。InDesign 的书籍功能可以免去这样的麻烦，书籍相当于一个智能文件夹，可以将多个文档重新"组合"，选择打印书籍，即可将所有的文档打印出来，而不需要将它们真正地合并为一个文档。通过书籍来逐个修改文档，也可以提高设计师的工作效率。

执行"文件 / 新建 / 书籍"命令，即可创建一个书籍，书籍应存储在相应的制作文件夹下，然后将所有的制作文件按照先后顺序添加到书籍中。

图1-41

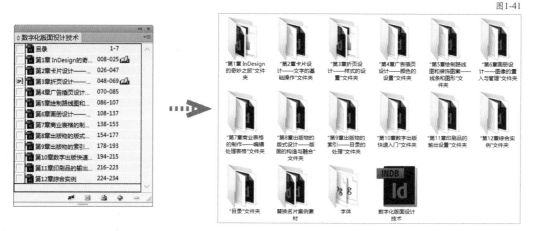

（20）生成目录的方法和页码对齐的方法。

执行"版面 / 目录"命令，即可创建目录，前提是在排版文件中各级标题的段落样式是规范设置的，如图 1-42 所示。采用嵌套样式可以解决页码无法对齐的问题。

（21）输出 PDF 的作用。

PDF 是一种很常见的文件格式，用 InDesign 制作完成的文件需要以 PDF 格式输出，然后交由输出公司进行后续工作，或发送给客户进行检查，如图 1-43 所示。

如果是长期合作的输出公司，并且双方的信任度非常高，可以直接将源文件交由输出公司进行后续工作；如果是首次合作的公司，双方还不是很了解，建议给其 PDF 文件，以防止源文件被意外泄露或更改而造成不必要的损失。另外，PDF 文件比源文件小很多，在进行文件交换时非常方便。

图1-42　　　　　　　　　　　　　　　　　　　　　　　　　　图1-43

（22）【效果】面板的作用。

利用【效果】面板可以指定对象的混合模式和不透明度。混合模式用于控制基色（图片的底层颜色）与混合色（选定对象或对象组的颜色）相互作用的方式，结果色是混合后得到的颜色，其选项包括：正片叠底、滤色、叠加、柔光、强光、颜色减淡、颜色加深、变暗、变亮、差值、排除、色相、饱和度、颜色和亮度。不透明度可以确定对象、描边、填色或文本的不透明度。InDesign 提供了 9 种透明度效果，分别是：投影、内阴影、外发光、内发光、斜面和浮雕、光泽、基本羽化、定向羽化和渐变羽化。

任务2 掌握版式设计的基础知识

本任务主要是学习版式设计的基础知识，包括版面结构、色彩搭配知识及字体知识。这些知识将会指导本书后面的案例制作。

↘ 1. 版面结构

笔者将版面设计归为4个原则：一是页面元素的对比性，如果想要页面有层次感，则需要元素之间存在差异，即对比性，通过字体粗细的对比、字号大小的对比、颜色的对比等，让标题更有层次感，使需要突出的内容更醒目；二是页面视觉元素要反复出现，相同类别的内容可以反复使用相同的颜色、形状、字体、字号和线宽等，这样可以使页面更整齐、统一；三是页面元素之间要对齐，任何东西都不能在页面中随意乱放，要让相关的内容在视觉上产生联系，使页面看起来更细致；四是注意相同元素之间的紧密性，相同元素靠得近一些，不同的则稍远些，通过行距来控制相同元素之间的紧密程度，这样使读者能更清晰地看到内容结构。

每个设计原则都是相互关联的，在同一页面中常会出现两个以上的设计原则，只应用某一个原则的情况很少。设计师记住这4个原则，会对设计版面很有帮助。

—— 页面元素的对比性 ——

页面元素的对比性应用实例如图1-44~图1-51所示。

图1-44

这是一个报纸广告，人们第一眼看过去会感觉很好看，是一个房地产的广告，除此之外便没有什么特别的地方。

图1-45

标题用了笔画较粗的字体，字号也增大了，使标题不至于淹没在背景中，在这个房地产广告中，标题内容才是最需要人们去关注的。

图1-46

这张名片中存在着对比性，但名片的企业标识与地址对比微弱，视觉中心都被名字抢走了，而且画面感很孤立，名字与周围的元素没有联系。

图1-47

在设计名片时，我们需要了解这是一张干什么的名片，本例需要突出企业标识，将其放在第一视觉位置上，其次才是表现联系方式等内容。

图1-48

这个页面已有对比性，但还可以进一步改善。

图1-49

在左边页面上增加一些绿色背景，使页面看起来更饱满，且与右边的图片相互之间产生联系。

图1-50

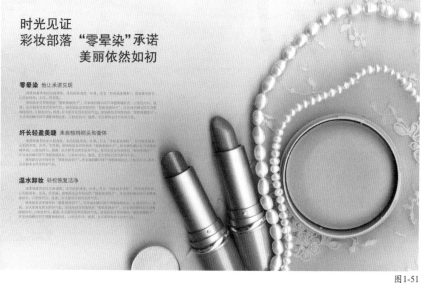

标题的内容没有对比性，重点文字信息没有突出。

图1-51

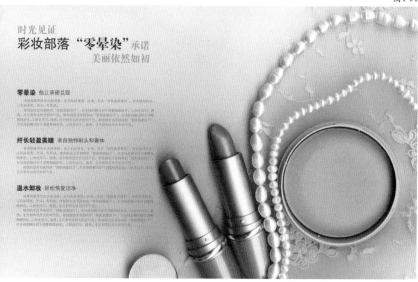

通过调整字体、字号与颜色，标题内部产生了对比性，使重点文字信息突出。

页面视觉元素的重复性

页面视觉元素的重复性应用实例如图 1-52~ 图 1-56 所示。

图1-52

使用重复性设计原则可以从标题、广告语着手。

图1-53

使重复性元素更为突出，如增加修饰性的边框、色块、线条，调整字体粗细与字号大小。

图1-54

这张信纸设计简洁干净，红色的小椅子成为信纸中的亮点。

图1-55

将这个亮点放大，复制多把红色小椅子，并按由大到小的顺序进行排列，使其在白白的信纸中产生空间感。

图1-56

qhuaRoad
光华街10号

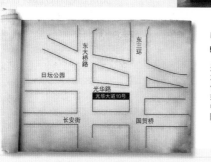

宅——复式商品房

层层楼房中的一种住宅
层楼房只有一个楼梯，
接进入分户门，一般
可以安排24到28户。
制面积又称为一个居

房屋，在层高较高的一
层，从而形成上下两

中空玻璃——居家办公
Zhongkongboli

　　中空玻璃是对传统单玻门窗的革新，是现代门窗生产中的一项新的玻璃加工技术，它由两层甚至更多的玻璃密封组合，但最重要的是两层玻璃之间必须形成真空或气体（如加入惰性气体）状态，故称"中空玻璃"，这种技术的运用使门窗的隔音、阻热、密封、安全性能都大大提高。

酒店式公寓——家居布线系统
Jiudianshi gongyu

　　指提供酒店式管理服务的公寓。始于1994年，意为"酒店式的服务，公寓式的管理"，市场定位很高。它是集住宅、酒店、会所多功能于一体的，具有"自用"和"投资"两大功效。除了提供传统酒店的各项服务外，更重要的是向住客提供家庭式的居住布局、家居式的服务。

品房——水景商品房

橱面、卧室、起居室、客厅、
他辅助用房，并采用户内
的房屋。

房屋。soho（居家办公）
伸。它属于住宅，但同时
多硬件设施，尤其是网络
住者在居住的同时又能从
形式。

TOWNHOUSE——灰空间

　　也叫联排别墅，正确的译法应该为城区住宅，系从欧洲舶来的，其原始意义是指在城区的沿街联排而建的市民城区房屋。
　　最早由日本建筑师黑川纪章提出。其本意是指建筑与其外部环境之间的过渡空间，以达到室内外融合的目的，比如建筑入口的柱廊、檐下等。也可理解为建筑群周边的广场、绿地等。

外飘窗——会所
Waipiaochuang

　　就是以所在物业业主为主要服务对象的综合性高级康体娱乐服务设施。会所具备的软硬件条件：康体设施应该包括泳池、网球或羽毛球场、高尔夫练习馆、保龄球馆、健身房等娱乐健身场所；中西餐厅、酒吧、咖啡厅等餐饮与待客的社交场所；还应具有网吧、阅览室等其他服务设施。以上一般都是对业主免费或少量收费开放。
　　房屋窗子呈矩形或梯形向室外凸起，窗子三面为玻璃，从而使人们拥有更广阔的视野，更大限度地感受自然、亲近自然，通常它的窗台较低甚至为落地窗。

—soho

种延伸。它属于住宅，
楼的诸多硬件设施，尤
达，使居住者在居住的
动的住宅形式

RUN——外飘窗

　　是一种物理网络系统建立在国际标准之上，以 TIA/EIA 570A 为核心，以每户为单位，支持家庭和小区内所有弱电（电话、电脑、视频、BA）的应用，由双绞线、同轴电缆、光纤和连接配件组成，所有的连接均端接于分布在每个房间的通信插座和面板，并可简单地自动连接相关设备，如电脑、电视、传真、防盗警报系统等，为每一户成员提供安全和舒适的生活环境。

页面中反复使用的一个元素并不一定完全相同，我们可以使其在大小、颜色上稍加改变。例如这个折页设计，充分运用了反复性原则，但页面以灰色为主，标题使用同一字体、字号和颜色使页面稍显沉闷，让标题之间在颜色上产生变化，不仅不会破坏页面的整体感，反而使页面活跃起来，更显时尚。

　　在页面中使用重复性设计原则可以将各部分联系在一起，增加页面统一性，增强整体感，否则会让各元素之间没有联系，产生孤立感。但是运用重复性的同时也需要注意对比性，否则页面的统一性会降低，人在视觉上也会感觉不舒服，太多使用重复也会使页面的重点内容不够突出。

页面元素的对齐

页面元素的对齐的应用实例如图 1-57~ 图 1-62 所示。

图1-57

图1-58

这张名片上的信息像是没经过思考随便扔上去的一样，没有视觉中心。

把所有内容都集中在名片右边的空白位置，公司名称与人名居中，地址左对齐，使相关信息更有条理。

图1-59

图1-60

这张名片在设计上没有什么太大的问题，对企业名称与联系方式进行分组，使它们之间具有合理的亲密性，但图片整齐地排放在了名片的左侧，并在上下左右留下了适当的间距，而右边就稍显参差不齐。

笔者对文字采用了右对齐的方式，企业名称的顶部与图片的顶部对齐，联系方式的底部与图片的底部对齐，使名片的内容看起来更舒服。

图1-61

这个折页设计犯了很严重的错误，在设计大篇幅的文字内容时，通常不宜采用居中对齐的方式，中文版式设计就和汉字一样追求方方正正的感觉，因为正文采用了居中，所以标题也采用了居中，每篇的文字摆放有高有低，没有对齐的方向，使页面非常杂乱。

图1-62

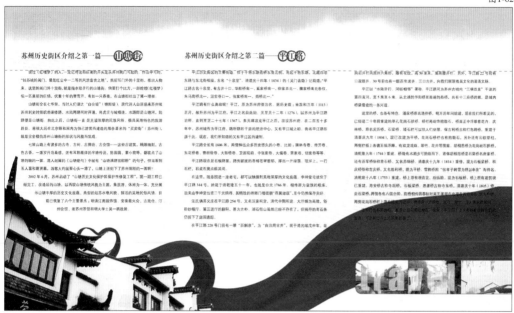

将正文的对齐方式改为双对齐末行左对齐，标题也设置左对齐，每篇正文的顶部都统一在一条水平线上，使页面看起来更整齐。

同类元素的紧密性

同类元素的紧密性应用实例如图1-63~图1-68所示。

图1-63

图1-64

这是一个展销会的调查表，设计得中规中矩，条理清晰，每个单元文字之间虽然留有距离，但不明显，无法清晰地看出它们之间的关系。

笔者在标题上加了颜色背景，加强了标题与正文的对比性，并且让这种效果重复出现。每段文字的开头添加了小方格，使内容被分割为几个小组，更便于读者理解。

图1-65

这个新闻快讯的内页一眼看上去都是密密麻麻的文字，一点喘息的空间也没有，每个内容的标题都与内容紧挨在一起，无法一目了然。

图1-66

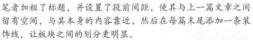

笔者加粗了标题，并设置了段前间距，使其与上一篇文章之间留有空间，与其本身的内容靠近，然后在每篇末尾添加一条装饰线，让板块之间的划分更明显。

图1-67

这个页面的信息都堆到了一块，没有字体字号的区别，完全看不出来这个信息的结构。

图1-68

在根据内容进行设计之前，应将信息分类，然后组合。笔者将同属一类的信息放在一起，然后用行距与其他信息隔开，同类信息中用了不同的字体字号作为对比。

↘ 2.　配色原则

黑白配色原则

　　该页面主要用黑色、白色和灰色来表现，黑和白有强烈的对比关系，而灰是对这两者进行调和，由这 3 种颜色构成的画面给人一种安静素雅的感觉，同时还具有很强的时尚感。黑、白、灰也常用来表达忧郁颓废的情绪或是怀旧的感觉，如图 1-69~ 图 1-71 所示。

图1-69

图1-70

图1-71

单色配色原则

画面由棕色的明、中、暗3种色调构成，这就是单色配色，如图1-72所示。它属于基础配色，初学者很容易掌握，通过调整一个颜色的明度，使其产生颜色的渐变。对于对使用颜色种类有要求的印刷品，用此方法能够做出非常好的效果，信纸设计就经常采用此方法。

图1-72

中性配色原则

　　黄色、土黄色、紫色、绿色或银色、金色这类颜色在进行单色设计时被称为中性配色，这种颜色给人的感觉是古典、素雅、祥和、沉稳和值得信赖，如图1-73所示。在页面中，笔者为每张图片填上了一层土黄色，然后将其与图片融合在一起，但又没有丢掉图片本身的色相，页面整体因此而呈现出黄色调，寓意着闹市之中又带有一份祥和。

图1-73

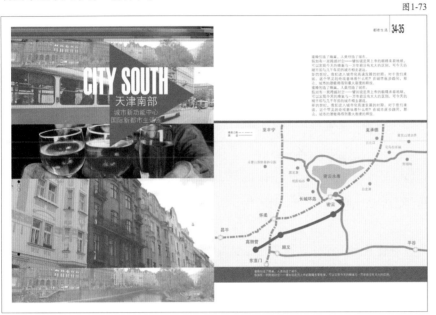

类比配色原则

　　类比配色是指挨得比较近的颜色的组合。颜色由暖至冷的顺序为红、橙、黄、绿、蓝、紫，它们彼此之间互为邻近色，如果有所跳跃就不能称为邻近色，比如红色和橙色是邻近色，因为橙色之中含有红色，而红色和黄色就不能称为邻近色，因为红色和黄色混合在一起能产生其他的颜色，黄色中找不到红色的影子。这种颜色的搭配可以产生渐变感，色调又很明确，低色彩的对比产生和谐的美感，但用色不能太多，容易使人产生色环的感觉。页面中由暖转向偏冷的颜色，向人们传递一种神秘而又活泼的情绪，如图1-74所示。

图1-74

↘ 3. 文字设计

文字是一个版面中不可缺少的元素。文字应用的好坏直接影响出版物的可读性，以及版面的美观程度。要想将文字应用得恰到好处，首先要了解文字的一些基础知识。

常见字体分类

（1）双字节字体，如 CJK（中、日、韩）。

（2）单字节字体，如罗马字体（英文字体）。

字体系列和字体样式（仅限英文字体）

（1）字体系列。

图1-75

展开字体的下拉列表，可以看到，有些英文字体，第 1 个单词相同，后边的单词却不相同，如图 1-75 所示，这说明这些字体是一个系列的字体，它们之间既有共同之处，也有一定的区别。这样的字体系列可以用于同一版面中，用来表示不同内容的文字，这样既有统一的风格，相互间又有变化。

（2）字体样式。

图1-76

选中一款英文字体，即可设置其字体样式。通常需要变斜体的英文就是通过这里设置的，而不是像 Word 中那样，直接强行倾斜，那样会非常难看。还有一点要注意的就是，中文很少有斜体的用法。

英文的字体样式主要有标准、粗、细、斜等，如图 1-76 所示。

汉字字体分类

汉字主要分为宋体、仿宋体、黑体、宋黑体、楷体、手写体、美术体这 7 类。不同的字体有不同的用途，希望读者尽可能记忆下这些字体的应用范围，这对学习本书的案例很有帮助，如表 1-2 所示。

表1-2

字体	特点	应用
宋体	字形方正规整、笔画横细竖粗，棱角分明、结构严谨，整齐均匀 下级分类：粗宋、标宋（大标宋、小标宋）、书宋、报宋	粗宋、标宋多用于标题、广告语等，标宋、书宋等多用于正文
仿宋体	字形隽秀挺拔	诗集短文、标题、引文，古籍正文、引言、注释、图版说明
黑体	字面呈正方形，字形端庄，笔画横平、竖直、等粗，粗壮醒目，结构精密 下级分类：特粗黑、大黑、中黑	标题、重点导语，细黑体统称等线体，可排短文和图版说明 注意问题：该类字体色彩过重，不宜排正文
宋黑体	兼有宋体的典雅美观和黑体的稳重	报刊中的中型标题、广告导语、展览陈列
楷体	字形端正，笔迹挺秀美丽，字体均整	小学课本、少年读物、通俗读物
手写体	无统一风格 下级分类：广告体、POP、海报体、新潮体	应用：广告语、标题等需要醒目的文字 这类字体都比较抢眼，所以尽量避免在同一版面中过多使用这类字体
美术体	字面较大，有鲜明的风格特征，可增加版面的艺术性	书刊封面、标题 注意问题：不宜排正文

全角和半角

（1）全角和半角的含义。

简单来说，全角字符占一个汉字的位置，半角字符占半个汉字的位置。

（2）全角和半角的产生。

切换到中文输入法状态下，单击输入法状态栏中的全 / 半角转换按钮，即可在全、半角之间切换；另外，输入法状态栏中的中英文切换按钮，也经常会用到，其快捷键是 Shift，建议读者尝试一下这两个按钮的使用方法，如图 1-77 所示。

图1-77

影响字体的重要因素

选择字体时，首先要考虑读者对象的特点，如年龄、性别、行业等，如图 1-78 所示。

图1-78

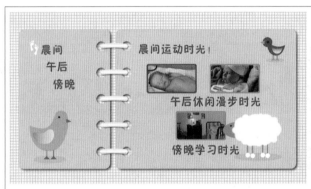

儿童读物　　　　　　　　　　　　　　　　　　　　　　成人读物

字体管理

作为版式设计师，必然会用到很多字体，仅英文字体就有上万种，把这些字体都安装在 Windows 的 Fonts 文件夹下，显然是不可能的，不仅增加了系统的负担，还使打开 InDesign 等软件的速度变得很慢，这是因为这些软件在启动的过程中要载入所有的字体。因此，有效地管理字体，是设计师必须具备的一项技能。笔者常用的方法如下。

（1）用浏览字体的软件快速找到需要的字体。

（2）用第三方软件管理字体，根据需要进行调用，而不是将字体全部复制到系统中。

课后训练

□　添加文字的方法。

□　字符面板、段落面板中的各项功能。

□　什么是复合字体？

□　如何设置复合字体？

□　收集名片和宣传单页并进行赏析。

美伊家居城

彩色摄影 郭晓敏 行政总裁
电话: 010-32165470
北京市朝阳区望京街阿一70号楼
E-mail: guochxinhe@163.com

yes! pictures

张 绘 经理
地址: 北京市崇文区幸福大街
首本大厦B座340-1室
手机: 13495645603
电话: 010-23412345
邮箱: zhanghui@163.com

设计师简介
The Designer

马里奥·博塔 (Mario Botta) (生于1943) 出生在提契诺 (Ticino) 的门德里西奥 (Mendrisio),位于瑞士北部的意大利语区。他先后就读于米兰艺术学院 (Liceo Artistico in Milan) 和威尼斯大学建筑学院 (Instituto Universitario di Architettura in Venice)。他与提契诺建筑师赖恩·卡洛尼 (Tita Carloni) 一同工作,得到了重组的工作经验,然后成为柯耶布希耶和路易斯·康事务所的学徒。1969年他在瑞士的卢盖诺 (Lugano) 成立了自己的创作室。

阿尔弗雷多·捷·维多 (Alfredo De Vido) (生于1932) 1956年在普林斯顿获得建筑学学士学位,然后供职于"Seabees" (美国海军工程师),期间在日本熊本市 (Atsugi) 建造了许多住宅。为此受到了日本当地政府的警择,后来他进入斯本哈顿的皇家艺术学院 (Royal Academy of Fine Arts),并获得建筑美术学士学位。20世纪60年代,他供职于建筑师联合事务所 (Architects Collaborative) 在意大利的工作。而后在美国为马歇尔·布劳耶工作。

简·皮·蔡罗·费西尼里 (Gian Piero Frassinelli) (生于1939) 在佛罗伦萨建筑学院学习建筑,就那里他积极地参加学生运动。他在1968年毕业时,整个学院都被学生占领了。他对建筑的兴趣建立于人类学和政治学的兴趣所在。他于1968年加入超工作群 (Superstudio group)。

弗西尼里现在是其中一名著筑师。从20世纪70年代早期开始,他对意大利的居住建筑和建造方法产生了兴趣。他作为自由职业人的许多工作都与对建造结构的深入理解,以及一些社会性住宅项目有关。

推荐 凡 的标准 是 能 够 与 每 个 作 者 的 建筑 的 有 意 性 的 部 形 影 深 细 的 介绍

项目02

单页设计——文字的应用

设计要点

◎ 设计名片时，需要了解持有者的身份、职业及单位，从而确定设计构思、构图、字体和色彩等；了解卡片的构成要素：标志、图案和文字内容。图案主要是标志或单位所经营物品的图片，图案主要起到美化版面、推销产品的作用，切勿喧宾夺主。

◎ 无论是哪一种商业设计，其最终目的都是为了向顾客推销产品，促进销售，否则再漂亮的设计都毫无意义。在设计宣传单页时，要展示具有吸引力的商品，让拿到宣传单的顾客产生拥有此产品的想法。页面设计上要重点突出主要产品，纷乱的页面只会让读者迷惑。页面上的地址、电话和地图要处理得低调一些，避免出现喧宾夺主、核心产品不突出的情况。

技术要点

◎ 掌握添加文字的方法。

◎ 掌握字符面板、段落面板中的各项功能。

◎ 掌握复合字体的设置方法。

课时安排

任务1 学习文字的基础知识　　　　　1课时
任务2 名片设计　　　　　　　　　　2课时
任务3 宣传单页设计　　　　　　　　2课时

任务1 学习文字的基础知识

在 InDesign 中，文本框是承载文字的容器，在输入文字前必须先创建文本框。在本任务中，将从创建文本框开始，然后是添加文字的方法，再到文字属性的设置，由浅入深地讲解文字的基础知识。

↘ 1. 创建文本框

在 InDesign 中，所有的文字都必须在文本框内，文本框的作用是方便设计师对文本进行调整及修改。下面讲解创建文本框的方法。

——文本框的创建

（1）创建文本框的常用方法如图 2-1 和图 2-2 所示。

图2-1

图2-2

01 在工具箱中选择【文字工具】，在页面内文字起点处按住鼠标左键沿对角线方向拖曳，绘制一个矩形框，光标自动插入到文本框内。

02 输入文字即可。

（2）将图形转换为文本框。

使用矩形工具、椭圆工具和多边形工具绘制图形，再将其转换为文本框，也可以通过路径绘制出较为复杂的文本框，让文本框不再是单一的几何图形，如图 2-3 和图 2-4 所示。

图2-3

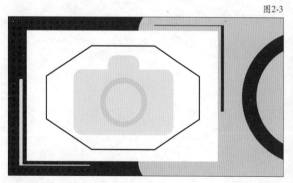

图2-4

01 用【多边形工具】绘制一个图形。

02 选择【文字工具】，移动光标至图形内，单击，插入光标，输入文字即可。

（3）置入文字时自动生成文本框的方法,如图2-5和图2-6所示。

图2-5

图2-6

01 执行"文件/置入"命令,选择纯文本文件。

02 单击【打开】按钮,置入的文字周围自动生成文本框。

2.　添加文字

添加文字有4种方法:在文本框中直接输入、复制粘贴、置入文字或直接将文本文件拖曳入文档中。

输入文字

在一般情况下,很少在 InDesign 中输入篇幅很长的文字,只输入较短的文字或者标题。使用【文字工具】绘制文本框后,光标自动插入文本框内,即可开始输入文字。

复制粘贴文字

将文字从不同软件(如 Word、纯文本等)粘贴到 InDesign 时,InDesign 可以去掉文字原有的样式,以不带文字样式的文本出现在页面中,也可以使文字带有原有的样式。

在粘贴文字之前,执行"编辑/首选项/剪贴板处理"命令,在【从其他应用程序粘贴文本和表格时】复选区中有两个选项:所有信息、纯文本。

选择"所有信息"选项,复制粘贴文本至 InDesign 中,文本则携带 Word 中的样式,如图 2-7 和图 2-8 所示。

图2-7

图2-8

选择"纯文本"选项，复制粘贴文本至 InDesign 中，则文本不携带 Word 中的样式，而是以纯文本的形式进入 InDesign 中，如图 2-9 和图 2-10 所示。

图2-9

图2-10

置入文字

置入文字命令是最常用，也是最规范的操作方法，如图 2-11 和图 2-12 所示。

图2-11

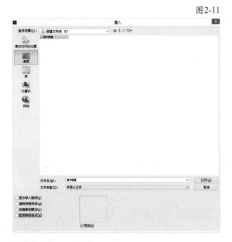

01 执行"文件/置入"命令，在【查找范围】中选择文件路径。

图2-12

02 单击【打开】按钮，置入文字内容。

小提示 制作知识 置入选项

在执行置入命令时，【置入】对话框的下方有 3 个选项，分别是显示导入选项、应用网格格式和替换所选项目。

（1）显示导入选项：在置入文档前选择该选项，则单击【确定】按钮后会弹出【显示导入选项】对话框，置入的文档不同，弹出对话框的选项也不相同。（2）应用网格格式：在置入文档前选择【应用网格格式】，则置入的文本框带网格。（3）替换所选项目：如果希望导入的文件能替换所选文本框的内容、替换所选文本或添加到文本框的插入点，则选择【替换所选项目】。

拖入文本文件

选择一个文本文件，按住鼠标左键不放将其拖曳至当前的 InDesign 文件中，则可以获取文字。

↘ 3. 文字属性的设置

使用【字符】面板，可以改变文字的外观，例如：变换不同的字体、增大或减小字号、拉伸或压扁文字等。使用【段落】面板，可以改变段落的外观，例如：段落的左右缩进、段落首字下沉、段与段之间的前后距离等。

字符

字符面板如图 2-13 所示。

（1）**字体** 设置不同的字体。

（2）**字号大小** 设置字号大小。

（3）**垂直缩放** 上下拉伸文字。

（4）**字偶间距调整** 调整两个字符间的距离。

（5）**基线偏移** 调整字符的基线，正值将使该字符的基线移动到这一行中其余字符基线的上方，负值将使其移动到这一行中其余字符基线的下方。

（6）**字符旋转** 将字符旋转一定的角度。

（7）**行距** 调整每行之间的距离。

（8）**水平缩放** 左右拉伸文字。

（9）**字符间距调整** 调整字与字之间的间距。

（10）**倾斜** 将文字倾斜。

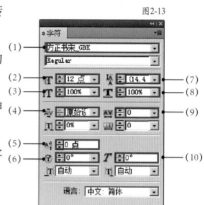

图2-13

段落

段落面板如图 2-14 所示。

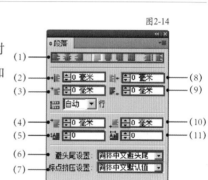

图2-14

（1）**对齐方式** 设置选中段落的对齐方式，可分为左对齐、右对齐、居中对齐、双齐末行齐左、双齐末行居中、双齐末行齐右和全部强制双齐。

（2）**左缩进** 段落整体向右移动，使左边留下空白位置。

（3）**首行左缩进** 使段落的第一行向右移动。

（4）**段前间距** 在段落前添加间距，使其与上一段保持一定的距离。

（5）**首字下沉行数** 设置段首文字下沉的行数。

（6）**避头尾设置** 避头尾是指不能出现在行首或行尾的字符。

（7）**标点挤压设置** 在中文排版中，通过标点挤压控制汉字、罗马字、数字、标点等之间在行首、行中和行末的距离。标点挤压设置能使版面美观，譬如，在默认情况下，每个字符都占一个字宽，如果两个标点相遇它们之间的距离太大会显得稀疏，在这种情况下需要使用标点挤压。

（8）**右缩进** 段落整体向左移动，使右边留下空白位置。

（9）**末行右缩进** 使段落的末行向左移动。

（10）**段后间距** 在段落后添加间距，使其与下一段保持一定的距离。

（11）**首字下沉一个或多个字符** 设置段首文字下沉的字数。

任务2 名片设计

本案例讲解的主要内容是企业名片的制作，如图2-15所示。企业名片要求版面简洁大方，突出企业形象。本案例使用彩色铅笔作为背景图，以突出企业销售的产品，在背景图上铺上颜色块，能够突出显示文字内容。通过使用文本框、添加文字、设置字体字号等操作，讲解名片的制作过程，如图2-16～图2-23所示。

图2-15

↘ 1. 制作名片

图2-16

01 执行"文件/新建/文档"命令，设置【页数】为1，【宽度】为90毫米，【高度】为45毫米，取消选中对页，单击【边距和分栏】，设置上、下、内、外的边距为0。

图2-17

02 执行"文件/置入"命令，置入"光盘/素材/项目02/铅笔.jpg/"图片至页面中。

图2-18

03 用【矩形工具】绘制一个矩形，填充颜色为（15，100，100，0），无描边色。

图2-19

04 用【选择工具】选择矩形，在【效果】面板中设置混合模式为"正片叠底"。

小提示 制作知识 置入图片的正确方法

在置入图片时，应将光标放在页面空白处，然后单击完成置入操作，这是比较规范的操作方法。若将光标放在有图片、图形和文字的地方进行置入操作，很容易将置入的对象嵌入到页面的对象中，造成困扰。

图2-20

05 置入"光盘\素材\项目02\yes.ai"图片至页面中。

图2-21

图2-22

06 利用【矩形工具】绘制一个矩形，用【椭圆工具】并按住Shift键绘制一个圆形，填充纸色，将两个图形水平居中对齐。

07 在页面空白处用【文字工具】拖曳一个文本框，输入"pictures"，设置字体为"Berlin Sans FB Demi"，字号为"16点"，填充纸色。

图2-23

08 置入"光盘\素材\项目02\文字信息"至页面中，用【文字工具】选择"彩色堡垒 郭晓敏 行政总监"，设置字体为"方正中等线_GBK"，字号为"6点"，填充纸色，设置剩余文字的字体为"方正细等线_GBK"，字号为"6点"，对齐方式为右对齐，填充纸色。

↘ 2. 知识拓展

── 印刷知识 ──

（1）名片的常用尺寸。

名片的常用尺寸是 90 mm × 55 mm、90 mm × 50 mm、90 mm × 45 mm，如图 2-24~ 图 2-26 所示。

图2-24 图2-25 图2-26

90 mm × 55 mm   90 mm × 50 mm   90 mm × 45 mm

图2-27

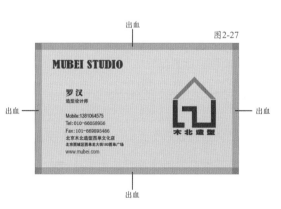

（2）制作名片的注意事项。

名片裁切时会有误差，所以上下左右要保留 3 mm 的出血，如图 2-27 所示。

页面内的元素应距离裁切线 3 mm 以上，避免裁切时有文字被裁切掉。

在名片中绘制的线条或图形的描边，其粗细尽量在 0.1 点以上，否则印刷成品会出现断线的情况。

在名片中，图片的色彩模式为 CMYK，不能使用 RGB 模式，RGB 模式的图片不能用于印刷。

设计知识

（1）名片文字的设计要求。

名片的文字内容分为两部分：一是主体文字，包括单位名称和名片持有人的姓名；二是次要文字，包括地址、电话、网址和 E-mail 等联系方式。名片尺寸有限，所以文字内容要简单扼要，信息传递要准确。主体和次要文字在设计时要有所区别，若设计一致会让读者分不清名片内容的主次关系，如图 2-28 和图 2-29 所示。

文字内容排版要整齐，不要松松散散、杂乱无章，如图 2-30 和图 2-31 所示。名片使用的字体要规范，非特殊需要不能使用繁体字。

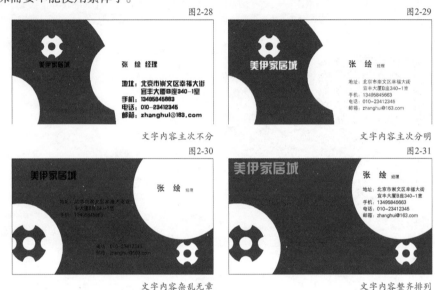

图2-28　　　　　　　　　　　　　　　　　　　图2-29

文字内容主次不分　　　　　　　　　　　　　文字内容主次分明

图2-30　　　　　　　　　　　　　　　　　　　图2-31

文字内容杂乱无章　　　　　　　　　　　　　文字内容整齐排列

（2）名片常使用的字体。

名片的文字多采用端庄大方的黑体、中等线体等，不建议使用隶书、楷体和行楷等书法体。

制作知识

（1）描边与填色的常见问题。

对于刚开始使用 InDesign 的读者，在用填色和描边功能时经常会犯这样的错误：对文字使用填色功能，却怎么也填充不上；对文字使用颜色后，文字糊在一块了。

产生这样问题是因为在对文字进行填色时，【色板】面板的【描边】按钮在上，所以对文字进行了描边操作，却没有按照要求对文字填色。将【填色】按钮置于上方并填充颜色，可文字看起来与案例中的不一致。这是因为将【填色】按钮置于上方后没有把描边色去掉的缘故。在对文字设置颜色时，除一些广告口号、特大字号的文字外，不要对文字描边，因为描边的小文字印刷后很可能会不清晰。

（2）置入文本的常见问题。

置入的文本会出现文字紧挨在一起，有颜色或段前、段后间距不正确等情况。解决的办法是：选择文字内容，打开【段落样式】面板，单击【基本段落】清除文字的异常状况。如果单击【基本段落】后，没有清除文字的异常状况，那么再单击【清除选区中的覆盖】按钮，如图 2-32 所示。

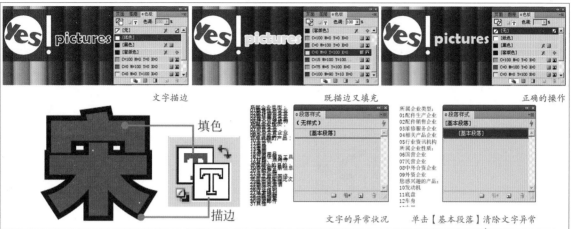

文字描边　　　　　既描边又填充　　　　　正确的操作

填色

描边

文字的异常状况　　单击【基本段落】清除文字异常

（3）案例中正片叠底存在的问题。

读者在根据案例讲解进行操作时，会因为没有注意操作的顺序而导致一些问题的出现，譬如使用正片叠底后，所有对象都是正片叠底的效果。

产生这个问题的原因是，在没有选中任何对象的情况下进行了正片叠底的操作，从而导致页面中的所有对象都应用了此效果，如图 2-33 所示。正确的操作是，选择对象，然后再进行正片叠底，如图 2-34 所示。

在没有选中对象的情况下应用正片叠底，
所有新创建的对象都默认使用这个效果

选择对象再使用正片叠底效果

（4）【字符】面板常用选项。

从"文字 / 字符"菜单中打开【字符】面板，垂直缩放选项的作用是把文字按照垂直方向拉长，水平缩放选项的作用是把文字按照水平方向压扁，如图 2-35 和图 2-36 所示。单击面板右侧的向下三角按钮，在弹出的下拉菜单中显示【字符】面板的隐藏选项，直排内横排、分行缩排、着重号、上标和下标等都是文字设置的常用选项。

图2-35　　　　图2-36

春眠不觉晓　春眠不觉晓

垂直缩放　　　　水平缩放

小提示　制作知识　如何不通过输入字号数值来微调字号

选中文字，按 Ctrl+Shift+< 组合键缩小字号，按 Ctrl+Shift+> 组合键放大字号。

① **直排内横排** 在进行竖排版时可以看到数字或者英文都是倒置的，这会影响读者阅读。可以通过【直排内横排设置】选项进行调整，将数字或英文横置，如图2-37和图2-38所示。

图2-37   图2-38

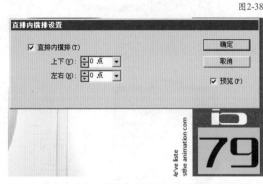

01 选中数字"79"，单击【字符】面板右侧的向下三角按钮，选择【直排内横排设置】。

02 选中【直排内横排】复选框，通过预览可看到数字发生变化。

② **分行缩排** 可以将同一行中的几个文字分行缩小排放在一起，通常在广告语、古文注释中使用，如图2-39和图2-40所示。

图2-39   图2-40

01 选择"时尚仔裤"，单击【字符】面板右侧的向下三角按钮，选择【分行缩排设置】，选中【分行缩排】复选框，【行】设为"2"，【分行缩排大小】为"50%"，【对齐方式】为"居中"。

02 选中"皮质腰带"，设置与上一步相同。

③ **上标和下标** 【上标】和【下标】能够很好地实现数学公式排版，如图2-41~图2-44所示。

图2-41   图2-42   图2-43

01 用【文字工具】拖曳一个文本框，输入"a23"。

02 选择"2"，单击【字符】面板右侧的向下三角按钮，选择【下标】。

03 选择"3"，设置【上标】。

图2-44

04 通过【字符】面板中的【字符间距调整】调整"2"和"3"的间距。

④ **着重号** 着重号的作用是醒目提示、重点突出文章中重要的内容，如图2-45～图2-47所示。

图2-45

01 用【文字工具】选择文字。

图2-46

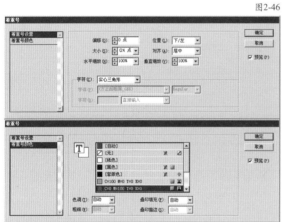

02 单击【字符】面板右侧的向下三角按钮，选择【着重号】，设置【位置】为"下/左"，【字符】为"实心三角形"，设置着重号颜色的填充色为（0，100，0，0）。

图2-47

03 单击【确定】按钮，完成设置着重号的操作。

⑤ **下画线** 设置下画线的好处与段落线相同，便于修改与对齐，如图2-48～图2-51所示。

图2-48

01 置入"光盘\素材\项目03\填写信息.txt"文件，设置中文字体为"方正中等线_GBK"，字号为"6点"，英文字体为"Times New Roman"，字号为"5点"，段后间距为"1"。

图2-49

02 在"姓名"后面插入文字光标，输入多个空格，选择输入的空格，单击【字符】面板右侧的向下三角按钮，选择下画线。

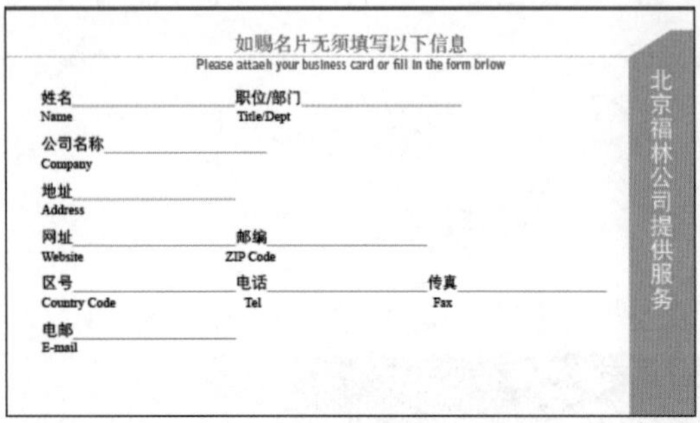

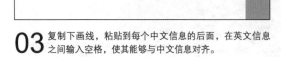

图2-50

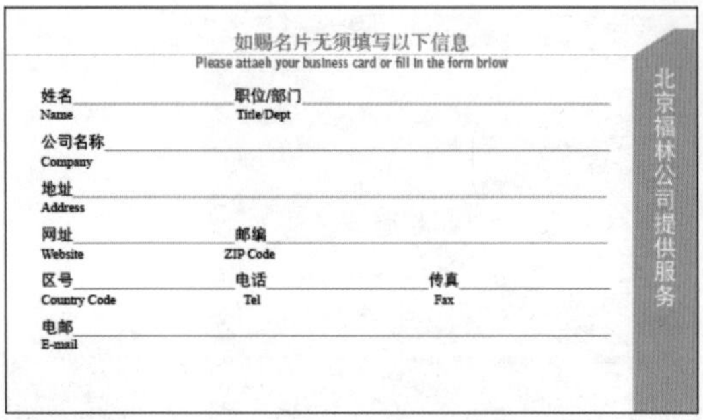

图2-51

03 复制下画线，粘贴到每个中文信息的后面，在英文信息之间输入空格，使其能够与中文信息对齐。

04 在每行下画线的后面敲入空格，使下画线能统一对齐。

（5）常用英文字体如表2-1所示。

表2-1

字样	字体名	字样	字体名
Adobe InDesign CS4	Arial	Adobe InDesign CS4	Courier New
Adobe InDesign CS4	Arial italic	Adobe InDesign CS4	Century Gothic
Adobe InDesign CS4	Arial Narrow	**Adobe InDesign CS4**	Impact
Adobe InDesign CS4	Arial Black	Adobe InDesign CS4	Palatino Linotype
Adobe InDesign CS4	Times New Roman	Adobe InDesign CS4	Tahoma
Adobe InDesign CS4	Times New Roman italic	Adobe InDesign CS4	Lucida Sans Unicode
Adobe InDesign CS4	Times New Roman bold	**Adobe InDesign CS4**	Berlin Snas FB
Adobe InDesign CS4	Times New Roman italic bold	Adobe InDesign CS4	Bodoni MT
Adobe InDesign CS4	Comic Sans MS	Adobe InDesign CS4	Gill Sans MT
Adobe InDesign CS4	Cooper Std	*Adobe InDesign CS4*	Lucida Galligraphy
Adobe InDesign CS4	Franklin Gothic Book	Adobe InDesign CS4	Minion Pra

（6）常用中文字体如表2-2所示。

表2-2

字样	字体名	字样	字体名
文字的基础操作	书宋	**文字的基础操作**	大标宋
文字的基础操作	中等线	**文字的基础操作**	小标宋
文字的基础操作	细等线	**文字的基础操作**	宋黑
文字的基础操作	大黑	文字的基础操作	报宋
文字的基础操作	黑体	**文字的基础操作**	粗倩
文字的基础操作	准圆	文字的基础操作	中倩
文字的基础操作	细圆	文字的基础操作	细倩

↘ 3.　错误解析

描边与填色

描边与填色的常见问题及解决方法如图 2-52~ 图 2-54 所示。

图2-52
图2-53
图2-54

✗ 对文字使用填色功能，却不是自己想要的效果。

✗ 对文字使用填色功能后，文字糊在一块了。

【色板】面板中的【描边】按钮 在上，表示对文字进行描边。【填色】按钮 在上，表示对文字进行填色。

放大、缩小图片

放大、缩小图片的常见问题及解决方法如图 2-55~ 图 2-58 所示。

图2-55
图2-56

✗ 按住 Ctrl 键，对图片进行放大、缩小，会使其变形。

按住 Ctrl+Shift 组合键，可以等比例放大或缩小图片，不会造成图片变形。

图2-57
图2-58

✗ 在不按任何快捷键的情况下，拖曳图片或图形，只能调整框的大小，使图片呈被裁切的效果，图片大小没有改变。

按住 Ctrl+Shift 组合键，可以等比例放大或缩小图片，这样不会裁切掉图片。

任务3 宣传单页设计

本任务中的建筑工作室宣传单页以文字设计为主要内容，通过复合字体的设置与应用，让读者掌握中英文混排时设置字体的方法，如图 2-59 所示。

图2-59

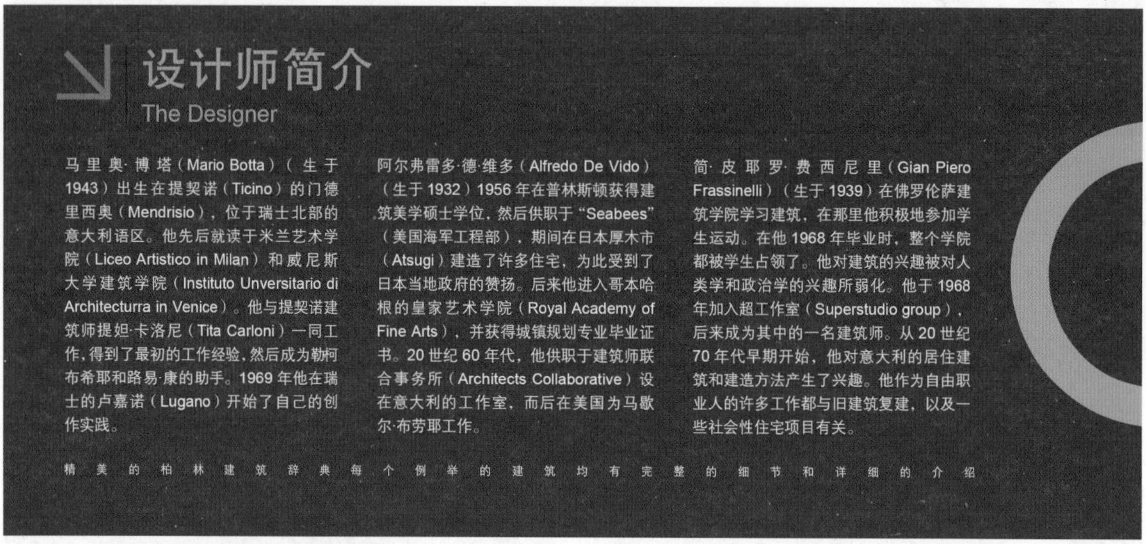

设计师简介
The Designer
马里奥·博塔（Mario Botta）（生于1943）出生在提契诺（Ticino）的门德里西奥（Mendrisio），位于瑞士北部的意大利语区。他先后就读于米兰艺术学院（Liceo Artistico in Milan）和威尼斯大学建筑学院（Instituto Unversitario di Architecturra in Venice）。他与提契诺建筑师提妲·卡洛尼（Tita Carloni）一同工作，得到了最初的工作经验，然后成为勒柯布希耶和路易·康的助手。1969 年他在瑞士的卢嘉诺（Lugano）开始了自己的创作实践。
阿尔弗雷多·德·维多（Alfredo De Vido）（生于 1932）1956 年在普林斯顿获得建筑美学硕士学位，然后供职于“Seabees”（美国海军工程部），期间在日本厚木市（Atsugi）建造了许多住宅，为此受到了日本当地政府的赞扬。后来他进入哥本哈根的皇家艺术学院（Royal Academy of Fine Arts），并获得城镇规划专业毕业证书。20 世纪 60 年代，他供职于建筑师联合事务所（Architects Collaborative）设在意大利的工作室，而后在美国为马歇尔·布劳耶工作。
简·皮耶罗·费西尼里（Gian Piero Frassinelli）（生于 1939）在佛罗伦萨建筑学院学习建筑，在那里他积极地参加学生运动。在他 1968 年毕业时，整个学院都被学生占领了。他对建筑的兴趣被对人类学和政治学的兴趣所弱化。他于 1968 年加入超工作室（Superstudio group），后来成为其中的一名建筑师。从 20 世纪 70 年代早期开始，他对意大利的居住建筑和建造方法产生了兴趣。他作为自由职业人的许多工作都与旧建筑复建，以及一些社会性住宅项目有关。
精美的柏林建筑辞典每个例举的建筑均有完整的细节和详细的介绍

1. 设置和应用复合字体

设置和应用复合字体如图 2-60~图 2-77 所示。

图2-60

新建文档
页数(P): 1
对页(F)
主页文本框架(M)
更多选项(E)
页面大小(S): 自定
宽度(W): 210 毫米
高度(H): 95 毫米
页面方向:
装订:
创建文档:
取消
版面网格对话框...
边距和分栏...

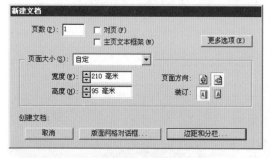

01 执行“文件/新建/文档”命令，设置【页数】为1，【宽度】为“210毫米”，【高度】为“95毫米”，取消选中【对页】。

图2-61

新建边距和分栏
边距
上(T): 0 毫米
下(B): 0 毫米
左(L): 0 毫米
右(R): 0 毫米
栏
栏数(N): 1
栏间距(G): 5 毫米
排版方向(W): 水平
大小: 高度 95 毫米 x 宽度 210 毫米
确定
取消
预览(P)

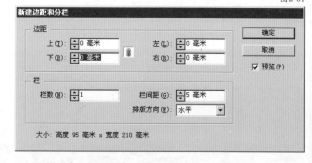

02 单击【边距和分栏】，设置上、下、左、右的边距为“0毫米”。

图2-62

色板
色调: 100 %
C=100 M=0 Y=0 K=0
C=0 M=100 Y=0 K=0
C=0 M=0 Y=100 K=0
C=15 M=100 Y=100...
C=75 M=5 Y=100 K=0
C=100 M=90 Y=10 K=0
C=45 M=100 Y=100...

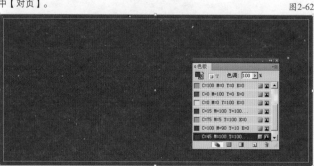

03 用【矩形工具】绘制背景图，在【色板】面板中新建颜色，数值为（45、100、100、0），填充背景图。

图2-63

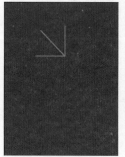

04 用【钢笔工具】绘制箭头图形。

图2-64

05 设置描边为“3点”，颜色为（45，100，100，0），色调为“65%”。

图2-65 图2-66

 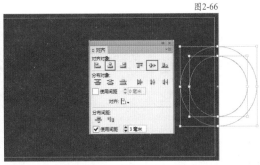

06 用【直线工具】绘制一条垂直直线,设置描边为"0.5点",颜色为"黑色"。

07 用【椭圆工具】绘制两个大小不一的圆形,水平垂直居中对齐。

图2-67 图2-68

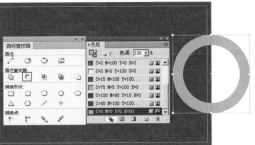 

08 执行"窗口/对象和版面/路径查找器"命令,在【路径查找器】面板中单击 按钮,使两圆相减,填充颜色为(0,0,0,50),将图形放置在页面的右侧。

09 用【文字工具】拖曳一个文本框,输入"设计师简介"和"The Designer"。在【字符】面板中分别设置中文字体为"方正黑体_GBK",字号为"24点";英文字体为"Arial",字号为"12点",颜色均为(0,0,0,50)。

图2-69 图2-70

10 用【矩形工具】在页面空白处单击,设置【宽度】和【高度】为"52毫米",将图形复制粘贴两次,水平摆放在页面中。

11 执行"文件/置入"命令,置入"光盘\素材项目02\设计师简介.txt"文件,把 移动到第1个方框内,单击置入文本。

图2-71

12 用【选择工具】选择文本框,单击右下角的溢流图标,将 移动到第2个文本框中。按照上述操作再进行一次,此时3个方框中都填充了文字内容。

图2-72

设计师简介
The Designer
42W x 7L = 294(319/431)

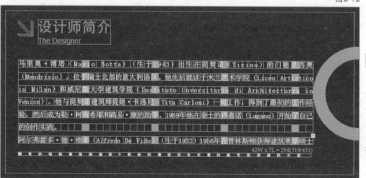

小提示 制作知识 去掉置入文本时的网格

在置入文本时，【置入】对话框的下方有3个选项，分别是显示导入选项、应用网格格式和替换所选项目。在默认情况下，应用网格格式和替换所选项目处于被选中状态，没有取消应用网格格式而单击【打开】按钮，所置入的文本会带有网格，不宜于浏览和操作，如图2-72所示。没有取消替换所选项目，页面中被选择的对象会被置入的对象所替换。所以通常在置入文本或图片时，建议取消选中这两项。

图2-73

复合字体编辑器
复合字体: 方正中等线+Arial
单位: %
确定
取消
新建...
存储
删除字体
导入...
自定...
隐藏样本
汉字 方正中等线_GBK Regular 100% 0%
标点 方正书宋_GBK Regular 100% 0%
符号 方正书宋_GBK Regular 100% 0%
罗马字 Arial Regular 100% -1% 100% 100%
数字 Arial Regular 100% -1% 100% 100%
样本
ype国123
缩放: 800%
编辑样本...

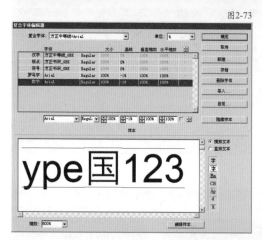

13 执行“文字/复合字体”命令，单击【新建】按钮，输入名称为“方正中等线+Arial”。设置【汉字】字体为“方正中等线_GBK”，【标点】和【符号】字体为“方正书宋_GBK”，【罗马字】和【数字】字体为“Arial”。在对话框下方的【缩放】下拉列表中选择“800%”，单击【全角字框】按钮，调整罗马字和数字的基线为“-1%”。

图2-74

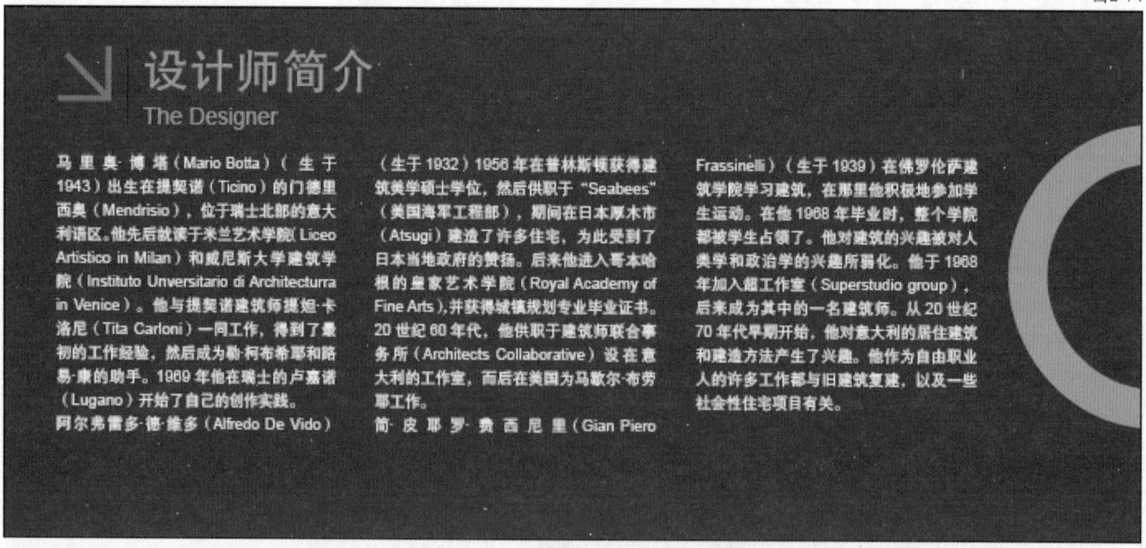

设计师简介
The Designer
马里奥·博塔（Mario Botta）（生于1943）出生在提契诺（Ticino）的门德里西奥（Mendrisio），位于瑞士北部的意大利语区。他先后就读于米兰艺术学院（Liceo Artistico in Milan）和威尼斯大学建筑学院（Instituto Unversitario di Architecturra in Venice）。他与提契诺建筑师提妲·卡洛尼（Tita Carloni）一同工作，得到了最初的工作经验，然后成为勒·柯布希耶和路易·康的助手。1969年他在瑞士的卢嘉诺（Lugano）开始了自己的创作实践。
阿尔弗雷多·德·维多（Alfredo De Vido）（生于1932）1956年在普林斯顿获得建筑美学硕士学位，然后供职于“Seabees”（美国海军工程部），期间在日本厚木市（Atsugi）建造了许多住宅，为此受到了日本当地政府的赞扬。后来他进入哥本哈根的皇家艺术学院（Royal Academy of Fine Arts），并获得城镇规划专业毕业证书。20世纪60年代，他供职于建筑师联合事务所（Architects Collaborative）设在意大利的工作室，而后在美国为马歇尔·布劳耶工作。
简·皮耶罗·费西尼里（Gian Piero Frassinelli）（生于1939）在佛罗伦萨建筑学院学习建筑，在那里他积极地参加学生运动。在他1968年毕业时，整个学院都被学生占领了。他对建筑的兴趣被对人类学和政治学的兴趣所弱化。他于1968年加入超工作室（Superstudio group），后来成为其中的一名建筑师。从20世纪70年代早期开始，他对意大利的居住建筑和建造方法产生了兴趣。他作为自由职业人的许多工作都与旧建筑复建，以及一些社会性住宅项目有关。

14 选择【文字工具】，将光标插入到文本框中，按Ctrl+A组合键全选文字内容，设置字体为“方正中等线+Arial”，字号为“8点”，行距为“12点”，文字颜色为纸色，文本框描边为0。

小提示 制作知识 正确地为复合字体进行命名

在新建复合字体时，建议使用中文+英文命名法为复合字体命名，例如，中文使用方正书宋_GBK，英文使用Times New Roman，则复合字体命名为“方正书宋_GBK+Times New Roman”，这样即使复合字体丢失了，也能从名字中找到类似的字体进行替换。另外，在设置复合字体前，如果读者对字体不了解，可以在【字符】面板中单独设置中文和英文的字体，观察两者哪种字体搭配比较好看，选定字体后再进行复合字体设置。

图2-75

15 调整文本框大小。选择【选择工具】并按住Shift键不放，连续选择3个文本框。在控制面板中单击▓按钮，使其为链接状态，设置【高度】为51毫米，按Enter键。

图2-76

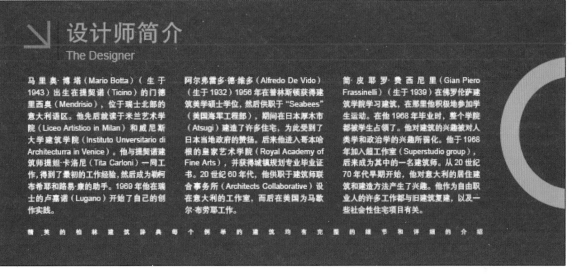

16 置入"光盘\素材\项目02\宣传语.txt"文件至空白处，设置字体为"方正中等线+Arial"，字号为"6点"，字符间距为"1800"，文字颜色为纸色。

小提示 制作知识 缩小视图后，文字都是灰色色块的解决方法

在设置文字字号时，如果字号太小，在适合窗口大小浏览的情况下，文字会呈灰条化显示。执行"编辑/首选项/显示性能"命令，设置【灰条化显示的阈值】为2点，单击【确定】按钮，则在适合窗口大小浏览的情况下，较小文字也会实际显示，这样可以准确地把握文字效果，如图2-77所示。

图2-77

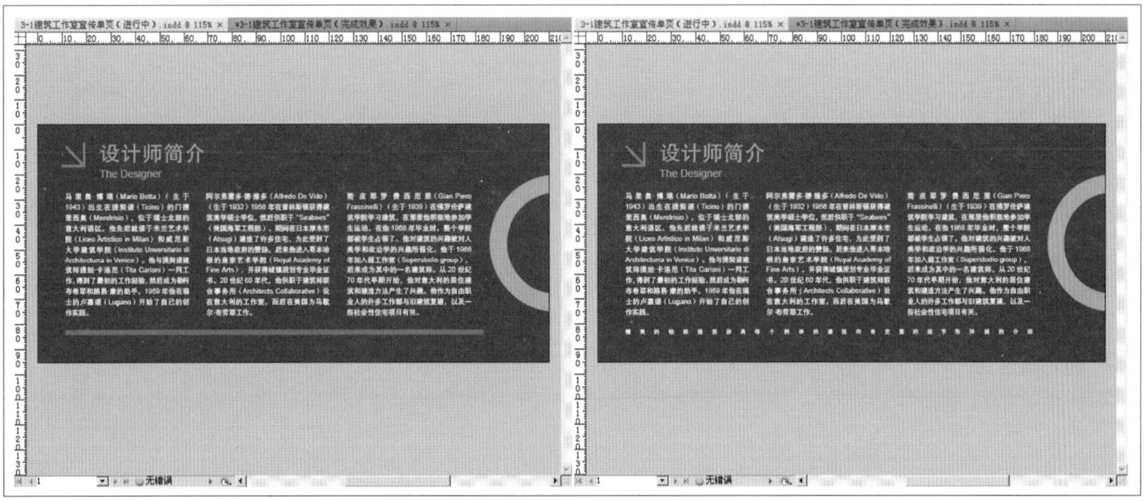

↘ 2. 知识拓展

印刷知识

（1）宣传单页的常用尺寸。

宣传单页常用尺寸是 210 mm × 285 mm。

（2）设置背景色的技巧。

在设置背景色时，笔者通常会避开 K 值，即黑色值。例如，C=0，M=100，Y=100，K=0 为红色，若将其变为深红色，笔者通常会设置 C 值，而不是设置 K 值，如图 2-78 所示。不设置 K 值的好处是文字与背景颜色不在同一张菲林片上，如果发现文字有错误，可以单独出一张菲林片，而不必出 4

图2-78

张菲林片，从而节约成本。

将制作文件送交输出公司时，如果制作的文件是彩色的，会输出 4 张菲林片，即 C、M、Y、K。制作文件中所用到的颜色都会自动归类到 CMYK 中，黑色文字，通常设置为（0，0，0，100），如果其他颜色都没有 K 值，那么 K 菲林片上只有黑色文字。在检查菲林片时，如果发现文字有错误，很容易修改。

设计知识

（1）用复合字体的原因。

读者在使用中文字体和英文字体时可以发现两者是有区别的，中文字体可以用在英文上，而英文字体用在中文上会出现乱码或空格，这是因为中文常用的汉字有数千个，而英文则只有 26 个字母，所以在开发字体时，英文要比中文容易，英文只需设计 26 个字母。中文字体开发难度较大，目前常用的是汉仪和方正等，英文字体则多种多样。

图2-79

无复合字体

采用复合字体

在设计过程中，如果把中文字体直接用在英文上，往往不如使用英文字体好看。通过 InDesign 的复合字体功能则可以让中英文采用不同的字体，如图 2-79 所示。在涉及中英文混排的设计时，通常会采用复合字体设置字体，而不是直接使用中文字体。

（2）将案例中的文本拆分为 3 栏的原因。

第一，便于阅读。如果使用通栏排版文字，读者必须来回扭动着脖子才能从左到右、从头至尾把文章阅读完，而将文本分为 3 栏，读者可以在固定的视角中把文章阅读完，避免阅读疲倦。

第二，版面美观。如果使用通栏排版文字，会使版面呆板无变化，而巧妙地把文本框拆分为 3 块，则可以加强文字的凝聚力，将读者的目光第一时间吸引到文字中来，版面上也比较规整和统一，如图 2-80 和图 2-81 所示。

图2-80

通栏效果

图2-81

3栏效果

制作知识

（1）解决字体丢失的方法。

丢失字体情况有两种：普通字体和复合字体。

如果电脑中没有某个文件所使用的字体，那么打开这个文件时会弹出【缺失字体】对话框，而缺失的字体会铺上一个粉色块，如图 2-82 所示。

解决方法为：执行"文字 / 查找字体"命令，在【文档中的字体】下拉列表中选择带有 ⚠ 图标的字体（表示该字体缺失），在【字体系列】下拉列表中选择相应的字体，单击【全部更改】按钮，则完成替换缺失字体的操作，如图 2-83 所示。

复合字体丢失情况有两种：一是目前正在使用的电脑里没有文件中设置复合字体的原始字体；二是莫名其妙出现丢失复合字体，InDesign CS2 偶尔会出现这样的情况。

第一种情况的解决方法是，将复合字体使用的原始字体复制到目前正在使用的电脑里，进行安装。

安装方法为：把使用的原始字体复制到"C 盘 /Windows/Fonts"文件夹中。

第二种情况的解决方法是，建立一个规范的操作流程。首先设计总监将设计时所有用到的复合字体都放在一个 indd 文件内，存放在共享文件中，然后有需要的可以从这个文件中导入复合字体，如图 2-84 所示。

导入复合字体的方法为执行"文字 / 复合字体"命令，单击【导入】按钮，选择文件路径，单击【打开】按钮。

（2）设置中英文基线的方法。

图2-82

图2-83

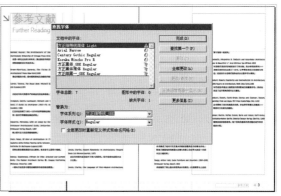

有时，中文与英文的基线不在同一水平线上，注意观察可发现英文偏高，使得版面不协调，通过【复合字体编辑器】面板的【全角字框】按钮 字 可以调整中英文基线，使中英文基线在同一水平线上，如图 2-85 所示。

有些中英文字体无法调至同一水平线上时，尽量让英文在中文的水平居中位置上。

（3）在 InDseign 中更改单位的方法。

在 InDseign 中，默认的文字和描边单位为点，缩进和标尺单位为毫米，读者可以根据自己的习惯对单位进行更改。单位更改方法为：执行"编辑 / 首选项 / 单位和增量"命令，在【首选项】对话框中可以调整文字、线、标尺和间距的单位。

图 2-84

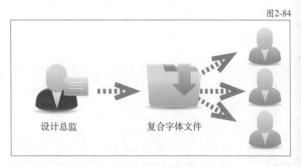

设计总监　　　　复合字体文件

图 2-85

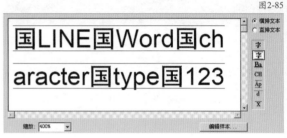

3. 错误解析

直线

绘制直线的常见问题及解决方法如图 2-86 和图 2-87 所示。

图 2-86

图 2-87

在不按住任何快捷键的情况下绘制直线，容易把直线画歪。

按住 Shift 键拖曳鼠标，可以绘制水平或垂直的直线。

圆形

绘制圆形的常见问题及解决方法如图 2-88 和图 2-89 所示。

图 2-88

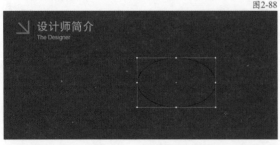

图 2-89

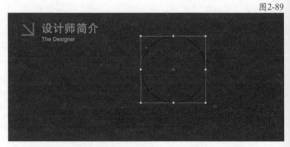

在不按住任何快捷键的情况下绘制的圆形，通常是椭圆形。

按住 Shift 键拖曳鼠标，可以绘制圆形。

两圆相减的设置

两圆相减的常见问题及解决方法如图 2-90 和图 2-91 所示。

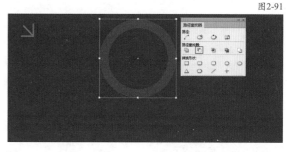

图2-90　　　　　　　　　　　　　　　　　　　　图2-91

✖　大圆在小圆之上，不能执行【路径查找器】面板中的减去操作。

小圆在大圆之上，才能执行【路径查找器】面板中的减去操作，使之成为一个圆环。

任务4 作业

根据提供的素材完成以下作业。

作业要求

设计要求：设计自己的个人名片，要求人名和联系内容要完整，层级要明确，可以加入自己的 logo，具有识别性的元素。

制作要求：人名和联系内容要使用【字符】面板设置字体、字号和行距。

印刷要求：所有文字必须使用印刷字体，文字距离裁切位置至少 5 mm，以免文字离页边太近而被裁切掉。

课后训练

通过 Word 的样式功能，了解样式的作用。

了解字符样式和段落样式中的各项功能。

了解字符样式和段落样式有什么不同。

了解常见的出版物中哪些会用到样式。

项目03

折页设计——样式的设置

设计要点

◎ 宣传册的尺寸和版式编排非常重要，很多行人在拿到一张递过来的宣传册后马上将其扔进垃圾桶里，其中的一个原因就是宣传册不方便携带。因此，我们在设计宣传册时需要考虑如何将一张纸设计成为一本便于携带的小册子。

◎ 匆忙的上班族通常只会随手翻阅一下宣传册，如何在这短暂的时间里把宣传册中的重要信息传递出去呢？关键是要减少不必要的信息，设计时只需一张非常漂亮的图片，配上细等线的字体，使标题简洁而醒目，再配上简单的文字信息即可。

技术要点

◎ 掌握段落样式的设置和应用方法。

◎ 掌握字符样式的设置和应用方法。

◎ 掌握嵌套样式的设置和应用方法。

课时安排

任务1　学习样式的作用　　　　　　　1课时
任务2　旅游宣传折页设计　　　　　　2课时
任务3　房地产宣传折页设计　　　　　2课时

任务1 学习样式的作用

字符样式是通过一个步骤就可以应用于文本的一系列字符格式属性的集合。段落样式包括字符和段落格式属性，可应用于一个段落，也可应用于某范围内的段落。段落样式和字符样式分别位于不同的面板上。

↘ 1. 字符样式

字符样式包含【字符】面板的所有属性，并且字符样式服务于段落样式。如果用户需要在同一个段落中应用不同的样式效果，则需要创建嵌套样式。嵌套样式为段落中的一个或多个范围的文本指定字符级格式，因此需要先建立字符样式，才能在段落中使用嵌套样式。

↘ 2. 段落样式

图3-1

段落样式包含【字符】面板和【段落】面板的所有属性，是排版多页文档时常用的样式。在设置段落样式时，为提高工作效率，可以为每个样式设定快捷键，如图 3-1 所示。当两个样式大同小异时，可以使用【基于】选项。还可以使用【下一样式】选项，快速地将样式运用到各级标题和正文中。

—— 样式快捷键的设置

要添加键盘快捷键，可以将光标插入到【快捷键】文本框中，并确保 Num Lock 键已打开；然后，按住 Shift、Alt 和 Ctrl 键的任意组合，并同时按小键盘上的数字。注意：不能使用字母或非小键盘数字定义样式快捷键。

—— 下一样式

在排版过程中，常需要反复在【段落样式】面板中选择各级标题样式或正文样式，使用【下一样式】能通过按回车键来快速应用各种样式，如图 3-2~ 图 3-9 所示。

图3-2

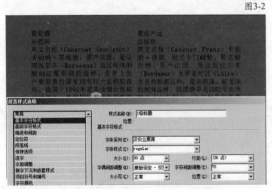

01 新建段落样式并命名为"1级标题"，设置【字体系列】为"汉仪立黑简"，【大小】为"30点"，填充色为（30，100，100，10）。

图3-3

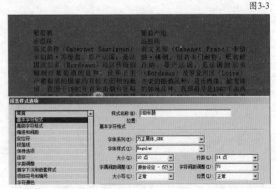

02 新建第2个段落样式并命名为"2级标题"，【字体系列】为"方正黑体_GBK"，【大小】为"10点"，【段前间距】为"2毫米"，【段后间距】为"1毫米"，填充色为（0，40，100，0）。

图3-4

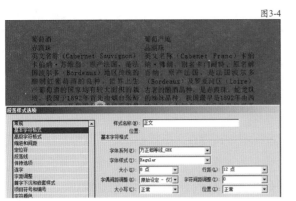

03 新建第3个段落样式并命名为"正文"，设置【字体系列】为"方正细等线_GBK"，【大小】为"8点"，【行距】为"12点"，填充色为纸色。

图3-5

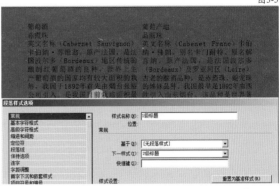

04 新建完3个样式之后，开始对下一样式的设置。双击【段落样式】面板中的"1级标题"样式，在【下一样式】下拉列表中选择"2级标题"。

图3-6

05 双击【段落样式】面板中的"2级标题"样式，在【下一样式】下拉列表中选择"正文"。

图3-7

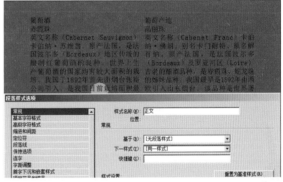

06 双击【段落样式】面板中的"正文"样式，在【下一样式】下拉列表中选择"同一样式"。

图3-8

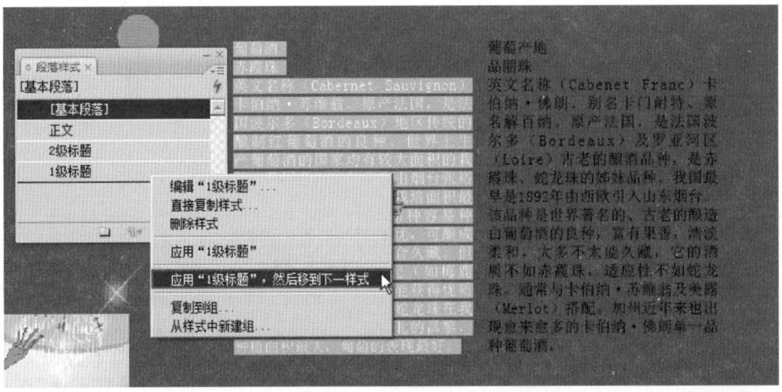

07【下一样式】设置完成后，将其运用到文章当中。选择文字内容，在【段落样式】"1级标题"旁右击，选择【应用"1级标题"，然后移到下一样式】。

图3-9

08 文字自动应用前面所设置的样式。

任务2 旅游宣传折页设计

本任务主要是完成一个旅游宣传折页的制作，如图3-10所示。为旅游宣传折页挑选的图片要突出景点的风土人情，内容安排上首先是整体介绍，然后是景点的文化历史介绍，接下来是风景名胜—自然景观—风土人情—特产小吃—旅游路线推荐—旅游交通食宿推荐。本任务以苏州的特色建筑物作为背景，整个折页采用灰色调，小部分使用红色，以打破灰色带来的沉闷。通过使用置入、复合字体、段落样式等设置，完成旅游宣传折页的制作，本任务重点讲解的知识为段落样式的设置。

图3-10

↘ 1. 置入文件

图3-11

01 打开"光盘\素材\项目03\3-1\3-1旅游宣传折页.indd"文件。

小提示 制作知识 置入文本时需要注意的问题

在置入文本时，不要选中【显示导入选项】、【应用网格格式】和【替换所选项目】这3个选项。

图3-12

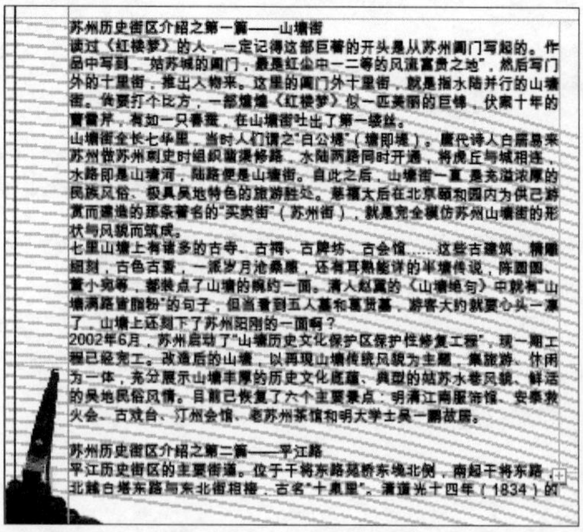

02 执行"文件/置入"命令，置入"光盘\素材\项目03\3-1\苏州景点介绍.txt"文件，当光标变为 时，在文字起点处沿对角线方向拖曳文本框，置入文本。

↘ 2. 串接文件

图 3-13

图 3-14

01 单击文本框右下角的红色加号（＋），拖曳鼠标绘制文本框并置入文本。

02 继续上一步的操作，直到不显示红色加号（＋）为止。

↘ 3. 段落样式的设置和应用

图 3-15

01 执行"文字/复合字体"命令，单击【新建】按钮，输入名称为"方正中等线+Arial"。设置【汉字】字体为"方正中等线_GBK"，【标点】和【符号】字体为"方正书宋_GBK"，【罗马字】和【数字】字体为"Arial"，调整罗马字和数字的基线为"-1%"。

图 3-16

02 在文本框中插入文字光标，按Ctrl+A组合键全选文字内容，应用复合字体，设置字号为"10点"，行距为"18点"。

图 3-17

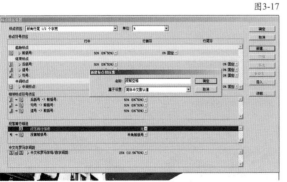

03 执行"文字/标点挤压设置/基本"命令，单击【新建】按钮，设置【名称】为"段前空格"，【基于设置】为"简体中文默认值"。

图 3-18

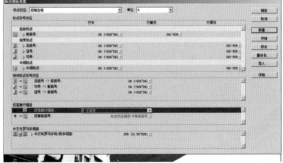

04 单击【确定】按钮，设置【段落首行缩进】为"2个字符"。

小提示 设计知识　使用标点挤压的好处

在 InDesign 中，设置段前空格的方法有两种：一是本节介绍的标点挤压设置法；二是首行左缩进设置法，即根据两个字的宽度，在【段落】面板中设置首行左缩进的参数。使用首行左缩进的缺点在于，不会随着字号的改变而改变缩进的距离，如果正文的字号由"10 点"改为"11 点"，那么又需要重新调整首行左缩进的距离。使用标点挤压的好处在于，能够精确地空出两个字符的宽度，并且能够随着字号的改变而改变缩进的距离。

图3-19

05 单击【存储】按钮，再单击【确定】按钮，则完成标点挤压的设置。

图3-20

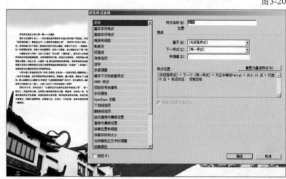

06 在文本框中插入文字光标，打开【段落样式】面板，单击面板右侧的三角按钮，选择新建段落样式，在【样式名称】文本框中输入"正文"。

图3-21

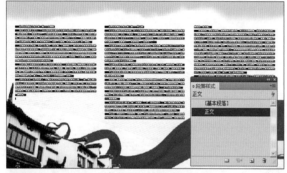

07 单击【确定】按钮，全选文字，单击【段落样式】面板的"正文"样式，完成应用样式的操作。

小提示 制作知识 设置样式的技巧

在设置样式时，笔者通常会先设置占篇幅比较多的内容，比如正文。设置完正文样式后，全选文字内容应用正文样式，然后再分别设置各级标题，应用标题样式，这样做的好处是不需要对每段文字内容进行样式应用，节省了操作时间。

图3-22

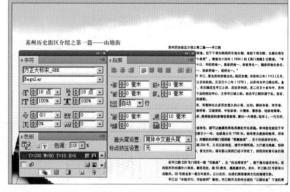

08 用【文字工具】选择标题"苏州历史街区介绍之第一篇——山塘街"，设置字体为"方正大标宋_GBK"，字号为"18点"，段后间距为"10毫米"，标点挤压设置为无，填充色为（100，90，10，0）。

图3-23

09 在文本框中插入文字光标，在【段落样式】面板中新建段落样式，命名为"标题"，设置基于为"基本段落"。

图3-24

10 单击【确定】按钮，在标题中插入文字光标，单击【段落样式】面板的"标题"样式，完成应用样式的操作。

小提示 制作知识

本案例讲解样式的新建方法：通过【字符】面板和【段落】面板先设定文字的属性，然后再通过【段落样式】新建样式，这种方法比较直观，适合对文字属性还不太了解的读者使用；也可以通过【段落样式】面板直接新建样式，因为【段落样式】里包含了【字符】面板和【段落】面板的所有选项，适合经验较丰富的读者使用。在使用前一种方法新建完样式之后，还需要重新选择内容，应用新建的样式。

图3-25

图3-26

11 在标题"苏州历史街区介绍之第二篇——平江路"中插入文字光标,单击【段落样式】面板中的"标题"样式。

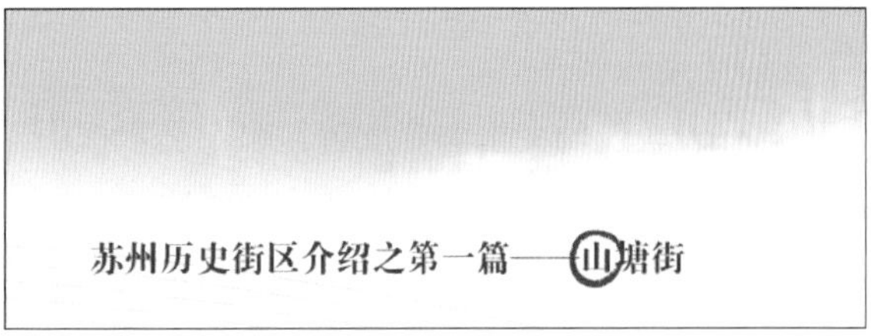

12 置入"光盘\素材\项目03\3-1\圆形.ai"图形,在页面空白处单击置入图形,将图像移至标题位置。

图3-27

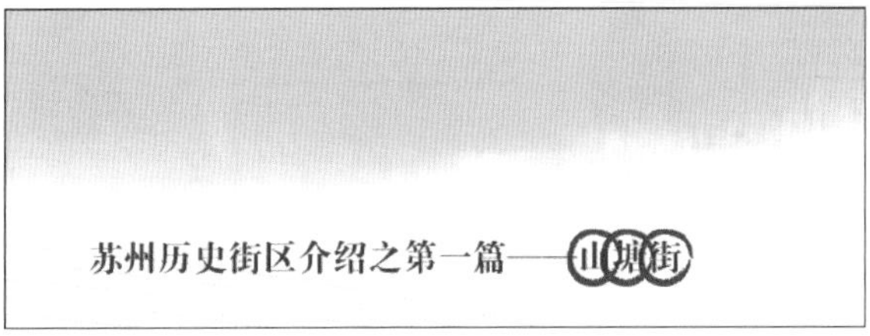

图3-28

13 选择图形,按住Alt键和鼠标左键不放,拖曳图形。按照此方法再操作一次,则将一个圆形复制成为3个圆形。选择3个圆形,连续按Ctrl+【组合键,直到图形置于文字下方为止。

14 按照上述方法,用圆形修饰第2个标题。

小提示　制作知识　如何选取叠放在一起的对象中下面的对象

　　按 Ctrl 键,用【选择工具】在最上面的对象上单击一下,即可选取放在第二层的对象;再单击一下,则可选取第三层的对象……依此类推,直至选取底层的对象后,再单击一下,则又回到顶层的对象上。

4. 知识拓展

设计知识

　　在设计本案例的旅游宣传折页时,考虑到苏州的建筑特点,因此折页的主色调采用了黑、灰、白。制作完后,苏州景点的特点得到了充分体现,但这个折页却让人感觉有些压抑、平淡无味,就像一个黑白稿,如图 3-29 所示。笔者在页面中添加了一些红色元素,如图 3-30 所示,即有笔触感觉的红色圆形,从小阁楼后方飘出来的红色绸缎,这些修饰都起到了画龙点睛的效果,让画面更丰富。

图3-29

图3-30

─── 制作知识 ───

（1）串接文本。

当一段较长的文字需要放置在多个文本框中，并需要保持它们的先后关系时，可以使用 InDesign 的串接文本功能来实现，在框架之间连接文本的过程称为串接文本。

每个文本框都包含一个入口和一个出口，这些端口用来与其他文本框进行连接。空的入口或出口分别表示文章的开头或结尾。端口中的箭头表示该文本框链接到另一文本框。出口中的红色加号 (+) 表示该文章中有更多要置入的文本，但没有更多的文本框可放置文本。这些剩余的不可见文本称为溢流文本，如图 3-31 所示。

图3-31

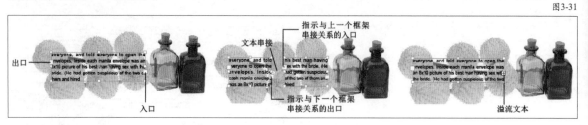

①自动文本串接。

执行"文件 / 置入"命令，选择置入的文档，单击【打开】按钮，按住 Shift 键，当光标变为"⬚"时，单击页面，则文字全自动灌入页面中。

执行"文件 / 置入"命令，选择置入的文档，单击【打开】按钮，按住 Alt 键，当光标变为"⬚"时，单击只排入当前页面，若文字没有全部排完，则继续单击排入下一页面。

②手动文本串接。

向串接中添加新文本框。

用【选择工具】选择一个文本框，然后单击出口或入口，当光标变为"⬚"时，拖曳鼠标以绘制一个新的文本框，如图 3-32 所示。

使两个文本框串接在一起。

用【选择工具】选择一个文本框，然后单击出口或入口，将光标移动到需要连接的文本框上，当光标变为"⬚"时，单击该文本框，则两个文本框串接在一起，如图 3-33 所示。

图3-32

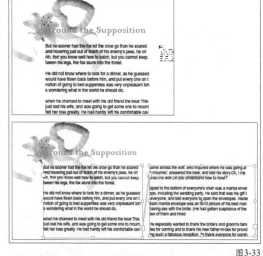

图3-33

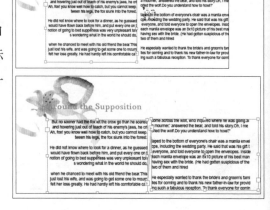

断开两个文本框之间的串接。

双击前一个文本框的出口或后一个文本框的入口。两个文本框架间的线会被除去，后一个文本框中的文本会被抽出并作为前一个文本框的溢流文本，如图 3-34 所示。

图3-34

串接的两个文本框　　　　　　　　　　　　　　　　　　断开串接的效果

将两个文本框之间的文本串接断开，后一个文本框的文本继续保留在文本框里，此种断开文本串接的方式需要借助 InDesign CS6 自带的脚本，如图 3-35 和图 3-36 所示。

图3-35

01 用【选择工具】选择串接的文本框。

图3-36

02 执行"窗口/显示全部菜单项目/自动/脚本"命令，依次打开"应用程序/Samples/JavaScript/SplitStory"，右击，选择【运行脚本】，原来串接的文本自动断开。

小提示　制作知识　如何断开指定的文本串接

在排版过程中，经常会遇到文本串接过长的情况，在修改时，总会因为多字、少字，而使整个文档的文字"串版"，为了避免这样的问题，建议在排版时，以章或节为单位，断开文本串接，这需要借助第三方脚本实现，下面以 DivideStory 为例进行讲解（本书配套光盘不提供此脚本），如图 3-37 和图 3-38 所示。

图3-37

图3-38

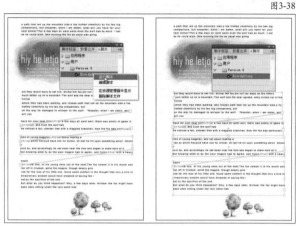

01 这是一段串接文本，需要从中间断开，前两个是一部分，后两个是另一部分。

02 安装DivideStory，执行"窗口/自动/脚本"命令，单击第3段文字，然后在【脚本】面板的DivideStory上右击，选择【运行脚本】。

（2）标点挤压。

在中文排版中，通过标点挤压控制汉字、罗马字、数字、标点等之间在行首、行中和行末的距离。标点挤压设置能使版面美观，例如，在默认情况下，每个字符都占一个字宽，如果两个标点之间的距离太大会显得稀疏，在这种情况下需要使用标点挤压。下面将对有关标点挤压的知识进行详细讲解。

标点挤压设置的分类

在 InDesign 中，标点分为 19 种，它们是：前括号、后括号、逗号、句号、中间标点、句尾标点、不可分标点、顶部避头尾、数字前、数字后、全角空格、全角数字、平假名、片假名、汉字、半角数字、罗马字、行首符、段首符。它们分别包括以下内容。

前括号：（[｛《＜ '"「『【〖

示例：请寄像质优良的彩扩片或彩色反转片（照片请加硬纸衬背，以防折损）。

后括号：》】』』》}]）}'"

示例：海内存知［己］，天涯若比邻。

逗号：、，

示例：童年的往事，无论是苦涩的，还是充满欢乐的，都是永远值得回忆的。

句号：。．

示例：中国是世界上历史最悠久的国家之一。计算所得的结果是 48%。

中间标点：•：；

示例：同志们：第十六届体育运动大会现在开幕。

句尾标点：！？

示例：这里的风景多美啊！

不可分标点：——　……

示例：亚洲大陆有世界上最高的山系——喜马拉雅山，有目前地球上最高的山峰——珠穆朗玛峰。

顶部避头尾：／ ぁ ぃ ぅ ぇ ぉ っ ゃ ゅ ょ わ ア イ ウ エ オ ッ ャ ユ ョ ワ

平假名：あいうえおかがきぎくぐけげこごさざしじす

片假名：アイウエオカガキギクグケゲコゴ

数字前：$ ￥ ￡

示例：我买这条裙子花了￥100.9。

数字后：‰ % ℃ ′ ″ ￠

示例：北京多云转晴，气温 5~10℃。

全角空格：占一个字符宽度的空格

全角数字：１２３４５６７８９０

半角数字：1234567890

罗马字：ABCDEFGHIJKLMNOPQRSTUVWXYZ

汉字：亚哑娃阿哀爱挨逢（汉字）

行首符：每行出现的第一个字符

段首符：每段出现的第一个字符

适用于中文排版的 4 种标点挤压

在中文排版中，标点的设置需要遵循一定的排版规则，即标点挤压。根据出版物的不同，标点挤压的设置也不相同。最常用到的标点挤压有 4 种，它们分别是：全角式，如图 3-39 所示；开明式，如图 3-40 所示；行末半角式，如图 3-41 所示；全部半角式，如图 3-42 所示。

图3-39

一天，我心爱的金丝雀突然死了。我非常难过，心比被锤子砸了的手指还疼。我拿起电话找到了苏珊。"能告诉我为什么吗，苏珊？"我问，"为什么这只整天唱歌的小鸟，突然一动不动了呢？"苏珊想了想，对我说："你知道吗，这只可爱的小鸟，它要到另一个世界去歌唱。"我相信苏珊的话，我想可爱的小鸟的确到了另一个世界，一个比我们这个世界更为美丽的地方，幸福地歌唱。

全角式又称全身式，在全篇文章中除了两个符号连在一起时（比如冒号与引号、句号或逗号与引号、句号或逗号与书名号等），前一符号用半角外，所有符号都用全角。

图3-40

一天，我心爱的金丝雀突然死了。我非常难过，心比被锤子砸了的手指还疼。我拿起电话找到了苏珊。"能告诉我为什么吗，苏珊？"我问，"为什么这只整天唱歌的小鸟，突然一动不动了呢？"苏珊想了想，对我说："你知道吗，这只可爱的小鸟，它要到另一个世界去歌唱。"我相信苏珊的话，我想可爱的小鸟的确到了另一个世界，一个比我们这个世界更为美丽的地方，幸福地歌唱。

开明式，凡表示一句结束的符号（如句号、问号、叹号、冒号等）用全角外，其他标点符号全部用半角；当多个中文标点靠在一起时，排在前面的标点强制使用半个汉字的宽度，目前大多出版物用此方法。

图3-41

一天，我心爱的金丝雀突然死了。我非常难过，心比被锤子砸了的手指还疼。我拿起电话找到了苏珊。"能告诉我为什么吗，苏珊？"我问，"为什么这只整天唱歌的小鸟，突然一动不动了呢？"苏珊想了想，对我说："你知道吗，这只可爱的小鸟，它要到另一个世界去歌唱。"我相信苏珊的话，我想可爱的小鸟的确到了另一个世界，一个比我们这个世界更为美丽的地方，幸福地歌唱。

行末半角式，这种排法要求凡排在行末的标点符号都用半角，以保证行末版口都在一条直线上。

图3-42

一天，我心爱的金丝雀突然死了。我非常难过，心比被锤子砸了的手指还疼。我拿起电话找到了苏珊。"能告诉我为什么吗，苏珊？"我问，"为什么这只整天唱歌的小鸟，突然一动不动了呢？"苏珊想了想，对我说："你知道吗，这只可爱的小鸟，它要到另一个世界去歌唱。"我相信苏珊的话，我想可爱的小鸟的确到了另一个世界，一个比我们这个世界更为美丽的地方，幸福地歌唱。

全部半角式，全部标点符号（破折号、省略号除外）用半角，这种排版多用于信息量大的工具书。

标点挤压的设置方法

下面以开明式的设置要求为例，讲解标点挤压的设置方法，如图3-43~图3-48所示。

图3-43

一天，我心爱的金丝雀突然死了。我非常难过，心比被锤子砸了的手指还疼。我拿起电话找到了苏珊。"能告诉我为什么吗，苏珊？"我问，"为什么这只整天唱歌的小鸟，突然一动不动了呢？"苏珊想了想，对我说："你知道吗，这只可爱的小鸟，它要到另一个世界去歌唱。"我相信苏珊的话，我想可爱的小鸟的确到了另一个世界，一个比我们这个世界更为美丽的地方，幸福地歌唱。

01 选择一段文字作为标点挤压的设置对象。

图3-44

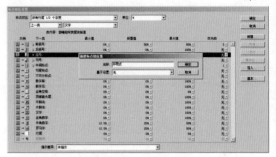

02 执行"文字/标点挤压设置/详细"命令，单击【新建】按钮，设置【名称】为"开明式"，【基于设置】为"无"。

小提示 制作知识

为了让读者能够看清楚设置标点挤压后的变化，本例讲解的文件使用框架网格视图为大家演示。

图3-45

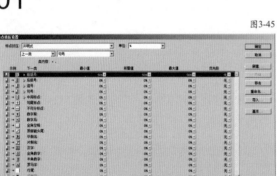

03 单击【确定】按钮。设置句号和前括号的距离。单击【标点挤压】内容的下拉列表框选择【句号】，在【类内容】的文本框中单击【前括号】 ，单击【最大值】，在数值框中输入50%，所需值、最小值与最大值的百分比相同。

图3-46

一天，我心爱的金丝雀突然死了。我非常难过，心比被锤子砸了的手指还疼。我拿起电话找到了苏珊。"能告诉我为什么吗，苏珊？"我问，"为什么这只整天唱歌的小鸟，突然一动不动了呢？"苏珊想了想，对我说："你知道吗，这只可爱的小鸟，它要到另一个世界去歌唱。"我相信苏珊的话，我想可爱的小鸟的确到了另一个世界，一个比我们这个世界更为美丽的地方，幸福地歌唱。

04 单击【存储】按钮，查看设置效果。

小提示 制作知识

根据开明式的要求，两个标点在一起，前面的标点占半个字符，经过调整这个要求已达到。但句末标点却只占了半个字符，按要求应占一个字符，所以还需调整。

图3-47

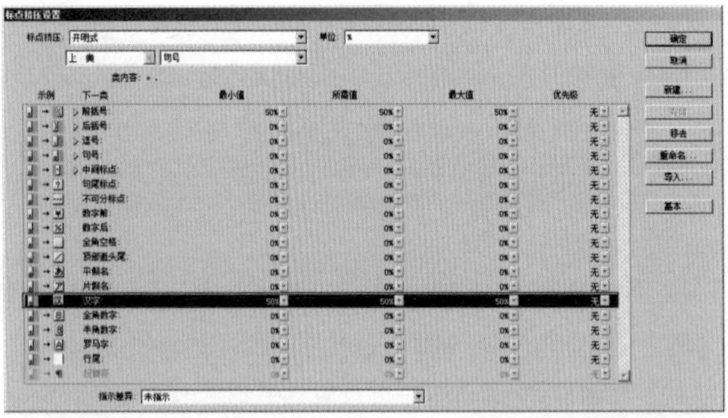

一天，我心爱的金丝雀突然死了。我非常难过，心比被锤子砸了的手指还疼。我拿起电话找到了苏珊。"能告诉我为什么吗，苏珊？"我问，"为什么这只整天唱歌的小鸟，突然一动不动了呢？"苏珊想了想，对我说："你知道吗，这只可爱的小鸟，它要到另一个世界去歌唱。"我相信苏珊的话，我想可爱的小鸟的确到了另一个世界，一个比我们这个世界更为美丽的地方，幸福地歌唱。

05 继续设置标点挤压，在【类内容】的文本框中单击【汉字】 ，单击【最大值】，在数值框中输入50%，所需值、最小值与最大值的百分比相同。

图3-48

一天，我心爱的金丝雀突然死了。我非常难过，心比被锤子砸了的手指还疼。我拿起电话找到了苏珊。"能告诉我为什么吗，苏珊？"我问，"为什么这只整天唱歌的小鸟，突然一动不动了呢？"苏珊想了想，对我说："你知道吗，这只可爱的小鸟，它要到另一个世界去歌唱。"我相信苏珊的话，我想可爱的小鸟的确到了另一个世界，一个比我们这个世界更为美丽的地方，幸福地歌唱。

小提示 制作知识

标点挤压设置看似很复杂，其实只要理清思路就很简单。比如需要设置前引号占半个字符，句号占一个字符，读者可能会直接去设置这两个标点之间的关系，却发现没有达到自己的要求。这时，可以考虑设置这两个标点前后的关系，比如句号后面跟着汉字，可以设置这两个的标点关系，看看能否达到需要的效果。

06 单击【存储】按钮，再单击【确定】按钮，完成标点挤压的设置。

任务3 房地产宣传折页设计

本任务主要是完成一个房地产宣传折页的制作，折页的宣传内容是新楼盘的介绍，图片多以室内装潢图为主，配上楼盘附近的环境图和平面户型图，如图3-49所示。本案例以灰色为主色调，左边搭配红色的瓦砖，体现出建筑建构的特点，传达时尚潮流的气息。通过载入样式、修改样式和应用样式等操作，完成房地产宣传折页的制作。

图3-49

↘ 1. 载入样式

图3-50

图3-51

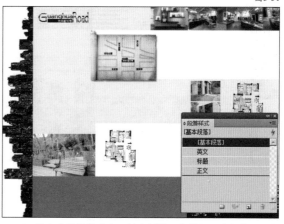

01 打开"光盘\素材\项目03\3-2\3-2房地产宣传折页.indd"文件。

02 单击【段落样式】面板右侧的三角按钮，选择载入所有文本样式，选择"光盘\素材\项目03\3-2\载入样式文本.indd"，单击【打开】按钮，再单击【确定】按钮，即将样式置入到【段落样式】面板中。

图3-52

图3-53

03 置入"光盘\素材\项目03\3-2\3-2房地产宣传折页.txt"文件，将文本内容分别剪切粘贴到页面中，顺序是从上至下，从左至右。

04 更改载入的标题样式，双击"标题"样式，选择"首字下沉和嵌套样式"选项，单击【新建嵌套样式】按钮，选择"副标题"，在【字符】文本框中输入"——"。

↘ 2. 应用样式

图3-54　　　　　　　　　图3-55　　　　　　　　　图3-56

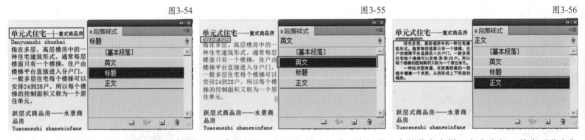

01 在标题中插入文字光标，单击【段落样式】面板的"标题"样式，然后在标题下方的英文中插入文字光标，单击"英文"样式，最后选择正文，单击"正文"样式。

图3-57

图3-58

02 按照上一步的操作，将样式分别应用到内文中。

03 深灰色块上的黑色字看不清楚，所以要对样式进行调整。在没有选中任何文字的情况下，选择【段落样式】面板中的"标题"样式，将其拖曳到【创建新样式】按钮处，完成复制样式的操作，双击"标题副本"，设置【样式名称】为"标题-白"，字符颜色为纸色。

图3-59

04 按照上一步的操作，修改"正文"样式，然后应用到深灰色块上的两处文字上。

图3-60

3. 知识拓展

—— 制作知识 ——

（1）嵌套样式的设置。

嵌套样式的作用是在同一个段落中可以使用两种不同的样式效果，常用于突出某一段文字的重要信息。嵌套样式的设置方法：首先需要设置一个字符样式，作为重点提示的信息使用，然后新建段落样式，在段落样式中新建嵌套样式，将前面设置的字符样式嵌套在段落中，即完成嵌套样式的设置，如图3-60~图3-71所示。

01 打开"光盘\素材\项目03\3-3\3-3超市DM.indd"文件。

图3-61

02 置入"光盘\素材\项目03\3-3\文字内容.txt"文件，将文本内容分别剪切粘贴到页面中，顺序是从上至下。

图3-62

03 用【文字工具】选择"杏色复古毛呢大衣"，设置字体为"方正大黑_GBK"，字号为"14点"，段后间距为"3毫米"，字体颜色为（0，70，90，0）。

小提示 制作知识

对于置入的文本，先单击【段落样式】面板中的【基本段落】清除一下文本的文字属性。

图3-63

图3-64

04 单击【段落】面板右侧的三角按钮，选择段落线。选中【启用段落线】复选框，设置【粗细】为"0.5毫米"，【类型】为虚线（4和4），【颜色】为"文本颜色"，【宽度】为"栏"，【位移】为"-0.8毫米"。

05 在标题中插入文字光标，单击【段落样式】面板中的【创建新样式】按钮，然后双击"段落样式1"，设置【样式名称】为"标题"，单击【确定】按钮。

图3-65

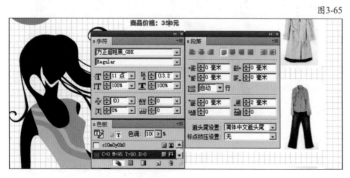

06 选择"商品价格：358元"，设置字体为"方正超粗黑_GBK"，字体为"11点"，段后间距为"2毫米"，文字颜色为（0，95，90，0）。

图3-66

小提示　设计知识　如何突出重要的文字信息

商品价格应主要突出数字，其他的信息可以弱化，若使用相同的文字属性，则重点不突出，所以本例改变了"商品价格："这几个字的字体和颜色。

07 选择"商品价格："，将字体改为"方正黑体_GBK"，文字颜色改为"黑色"。

图3-67

08 在"商品价格："中插入文字光标，创建字符样式，命名为"商品价格"。

图3-68

09 在"358元"中插入文字光标，创建段落样式，命名为"价格"，选择首行下沉和嵌套样式选项，单击【新建嵌套样式】按钮，选择"商品价格"，在【字符】文本框中输入"："。

小提示　制作知识

应用"价格"段落样式后，会将"商品价格"字符样式的颜色覆盖，所以还需要重新设置一下字符样式的字符颜色。

图3-69

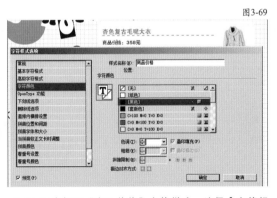

10 双击打开"商品价格"字符样式，选择【字符颜色】选项，设置文字填充色为黑色，描边为无。

图3-70

图3-71

11 设置复合字体为"方正细等+Times New Roman"，设置"汉字"、"假名"、"标点"和"符号"的字体为"方正细等线_GBK"，"罗马字"和"数字"的基线为"2%"。

12 选择剩余的文字内容，设置字体为"方正细等+Times New Roman"，字号为"9点"，行距为"12点"。新建段落样式，命名为"质地+SIZE+COLOR"。

（2）嵌套样式的应用，如图3-72~图3-74所示。

图3-72

杏色复古毛呢大衣

商品价格：358元

质地：毛呢
SIZE：M胸围84cm、L胸围88cm、衣长82cm
COLOR：杏色

紫色长款西服外套

商品价格：428元

质地：毛呢
SIZE：S胸围82cm、衣长66cm，M胸围85cm、衣长66cm
COLOR：紫色

黑灰色化学褪色牛仔裤

商品价格：398元

质地：牛仔
SIZE：26、腰围70cm、裤长102cm
COLOR：黑灰色

暗格毛呢外套

商品价格：328元

质地：毛呢
SIZE：M，胸围88cm、衣长55cm
COLOR：淡黄色

棒针编织毛衣外套

商品价格：248元

质地：毛线
SIZE：胸围84cm、衣长46cm
COLOR：蓝色

500 元以下
奢华的名品小物，彰显另一半的高贵气质，让他散发出无尽的成熟男人味道。在这个情人节里成为众人羡慕与称赞的焦点。

01 将样式分别应用到文字内容上。

图3-73

02 置入"光盘\素材\项目03\3-3\吊牌.ai"文件，选择图片，按住Ctrl+Shift组合键，沿中心方向拖曳鼠标缩放图片，然后复制粘贴图片，使每个商品旁都有一个吊牌图片。

03 剪切粘贴"经典裁剪散发迷人气质"，设置字体为"方正粗倩_GBK"，字号为"12点"，文字颜色为纸色。选择【旋转工具】将文本框旋转15°，将文字分别复制粘贴到各个吊牌中。

设计知识

在设计DM时，要将自己摆在阅读者的角度去分析，分析画面是否让人感觉舒服，阅读是否流畅，内容是否有吸引力。在分析完内容和版式后，还需要考虑页面的整体效果，文字是页面中的重要元素之一，其在设计上的好坏也直接影响整个版面的效果。本案例对DM所宣传的标题做了细节上的处理，将每个字母交叉填充上黑白色，每个字母摆放的方向也不一致，为画面增添了一些活泼的元素。对宣传语的处理，通过斜挂着的吊牌来展示，将文字也按照吊牌倾斜的角度进行旋转，使页面体现出轻松活泼，愉快购物的主题。如果没有这些细节上的改变，那么这个 DM 是怎样的效果？读者可以通过对比看一下两者截然不同的效果，如图 3-75 和图 3-76 所示。

图3-75

图3-76

任务4 作业

根据提供的素材完成以下作业。

作业要求

设计要求：相关联内容要体现出亲密性，标题要比正文突出。

制作要求：图文间距要统一，标题与正文的间距要统一，处于同一水平线或垂直线的两段文字要对齐。

印刷要求：所有的文字均要应用段落样式。

课后训练

了解颜色的基础知识，特别是色彩模式。

了解色板各个选项的功能。

了解渐变的设置及应用。

2009
魅力宝贝

《米卡服饰》《菲亚服饰》
专属模特服装展示会

每季生活带来季季的服饰
《魅力宝贝》
隆重推出！

与"魅力宝贝"
和"米卡"美女模特面对面

欢迎拨打热线电话：**400-800-8888**

时光见证
彩妆部落 "零晕染" 承诺
美丽依然如初

零晕染 让羡慕更美

纤长轻盈睫毛 浓密自然持久不轻染

温水卸妆 好长质

项目04

广告插页设计——颜色的设置

设计要点

平面广告最重要的是突出宣传的商品，从而达到一定的商业目的。每一个广告都是由文案和图案组成，如何让两者搭配得天衣无缝去打动消费者，是设计时首要考虑的问题。

◎ 首先要从读者的阅读习惯上考虑，人们在阅读时视线一般从左至右，从上至下，因此，应把最主要的信息放在页面的左上方，并且要从色彩上体现出文字的层次感。

◎ 文字在平面广告中起着传达信息的作用，文字排列组合的好坏直接影响版面的视觉传达效果。因此，在设计文字时应注意主要文字与其他文字内容有所区别，但不宜使用风格不同的字体，给人以简洁明了的视觉印象，传达出信息即可。

◎ 版面力求简单，避免杂乱无章，多使用成群结队的文字和图片。

技术要点

◎ 掌握色板的使用方法。

◎ 掌握渐变的设置方法。

课时安排

任务1 学习颜色设置的基础知识　　1课时
任务2 美容杂志插页设计　　　　　2课时
任务3 服饰杂志插页设计　　　　　2课时

任务1 学习颜色设置的基础知识

本任务主要针对 InDesign 在实际工作中经常会用到的颜色设置功能及设置技巧进行讲解。

1. 认识色板

通过【色板】面板可以创建和命名颜色、渐变或色调，并将它们快速应用于文档，如图 4-1 所示。色板类似于段落样式和字符样式，对色板所做的任何更改将影响应用该色板的所有对象。使用色板无需定位和调节每个单独的对象，从而使修改颜色方案变得更加容易。

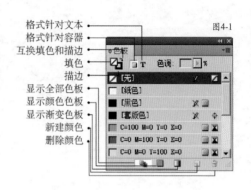

图4-1

格式针对文本
格式针对容器
互换填色和描边
填色
描边
显示全部色板
显示颜色色板
显示渐变色板
新建颜色
删除颜色

【色板】面板

（1）颜色。

【色板】面板上的图标标识了专色和印刷色颜色类型，以及 LAB、RGB、CMYK 和混合油墨颜色模式。

专色油墨是指一种预先混合好的特定彩色油墨，如荧光黄色、珍珠蓝色、金属金银色油墨等，它不是靠 CMYK 四色混合出来的。

印刷色就是由不同的 C、M、Y 和 K 的百分比组成的颜色。C、M、Y、K 就是通常采用的印刷四原色。在印刷原色时，这 4 种颜色都有自己的色版，色版上记录了每种颜色的网点，这些网点是由半色调网屏生成的，把 4 种色版合到一起就形成了所定义的原色。调整色版上网点的大小和间距就能形成其他的原色。实际上，在纸张上，这 4 种印刷颜色是分开的，只是很相近，由于眼睛的分辨能力有一定的限制，因此很难分辨。我们得到的视觉印象就是各种颜色的混合效果，于是产生了各种不同的原色。

C、M、Y 可以合成几乎所有颜色，但还需黑色，因为通过 C、M、Y 产生的黑色是不纯的，在印刷时需要更纯的黑色，且若用 C、M、Y 来产生黑色会出现局部油墨过多的问题。

（2）色调。

【色板】面板中显示在色板旁边的百分比值，用以指示专色或印刷色的色调。色调是经过加网而变得较浅的一种颜色版本。色调是为专色带来不同颜色深浅变化的较经济的方法，不必支付额外专色油墨的费用。色调也是创建较浅印刷色的快速方法，尽管它并未减少四色印刷的成本。与普通颜色一样，最好在【色板】面板中命名和存储色调，以便可以在文档中轻松编辑该色调的所有实例。

（3）渐变。

【色板】面板上的图标，用以指示渐变是径向还是线性。

（4）无。

"无"色板可以移去对象中的描边或填色。不能编辑或移去此色板。

（5）纸色。

纸色是一种内建色板，用于模拟印刷纸张的颜色。纸色对象后面的对象不会印刷纸色对象与其重叠的部分，相反，将显示所印刷纸张的颜色。可以通过双击【色板】面板中的"纸色"对其进行编辑，使其与纸张类型相匹配。纸色仅用于预览，它不会在复合打印机上打印，也不会通过分色来印刷。在工作中，不要应用“纸色”色板来清除对象中的颜色，而应使用“无”色板。

（6）黑色。

黑色是内建的，使用 CMYK 颜色模型定义的 100% 印刷黑色。在默认情况下，所有黑色都将在下层油墨（包括任意大小的文本字符）上叠印（打印在最上面）。

（7）套版色。

套版色是使对象可在 PostScript 打印机的每个分色中进行打印的内建色板。

【色板】面板显示模式的设置

默认的【色板】面板中显示 6 种用 CMYK 定义的颜色：青色、洋红色、黄色、红色、绿色和蓝色。

单击【色板】面板右侧的三角按钮，通过选择“名称”、“小字号名称”、“小色板”或“大色板”改变【色板】面板的显示模式。

选择“名称”将在该色板名称的旁边显示一个小色板。该名称右侧的图标显示颜色模型（CMYK、RGB 等）以及该颜色是专色、印刷色、套版色还是无颜色。

选择“小字号名称”将显示精简的色板面板行。

选择“小色板”或“大色板”将仅显示色板。色板一角带点的三角形表明该颜色为专色，不带点的三角形表明该颜色为印刷色。常用色板显示模式如图 4-2~图 4-5 所示。

图4-2

“名称”显示模式

图4-3

“小字号名称”显示模式

图4-4

“小色板”显示模式

图4-5

“大色板”显示模式

2. 认识颜色和渐变

【颜色】面板

执行“窗口 / 颜色”命令，将光标放在颜色条上时，光标变为“”，单击，则吸取的颜色会在 CMYK 色值上显示；也可以通过在 CMYK 的数值框中输入颜色值来调整颜色。然后单击【颜色】面板右侧的三角按钮，选择“添加到色板”来完成存储颜色的操作。【颜色】面板可以设置 CMYK、RGB 和 Lab 模式的颜色，如图 4-6 所示。

图4-6

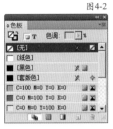

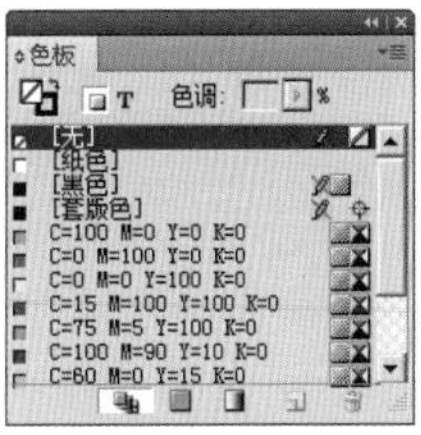

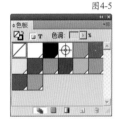

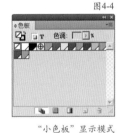

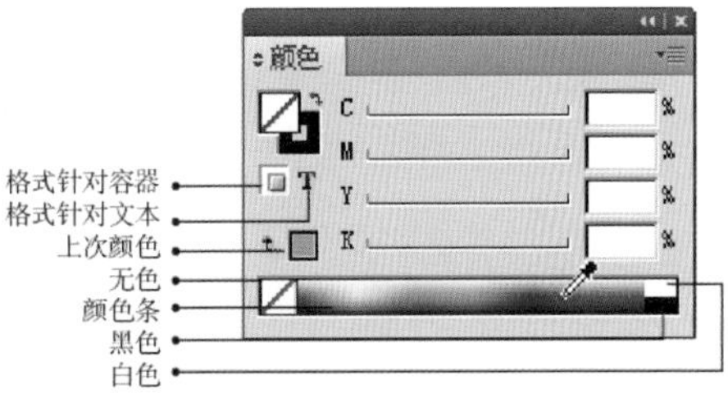

颜色
C
M
Y
K
格式针对容器
格式针对文本
上次颜色
无色
颜色条
黑色
白色

【渐变】面板

渐变是两种或多种颜色之间或同一颜色的两个色调之间的逐渐混和，如图 4-7 所示。渐变可以包括纸色、印刷色、专色或使用任何颜色模式的混和油墨颜色。渐变是通过渐变条中的色标定义的。色标是指渐变中的一个点，渐变在该点从一种颜色变为另一种颜色，色标由渐变条下的彩色方块标识。在默认情况下，渐变由两种颜色开始，中点在 50% 的位置上。

图4-7

渐变类型菜单
渐变
渐变填充
类型：线性
位置：
角度：0
反向
中点
起始色标
结束色标

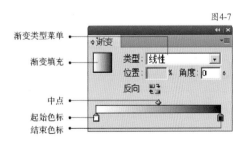

任务2 美容杂志 插页设计

本任务主要是完成一个美容杂志插页的制作。本例的插页广告以化妆品宣传为主,如图4-8所示。根据所选的背景图来安排页面的基本色调,文字简洁、突出标题。通过对文字颜色、字体、字号的控制,使整个页面给人一种高贵淡雅的感觉。

图4-8

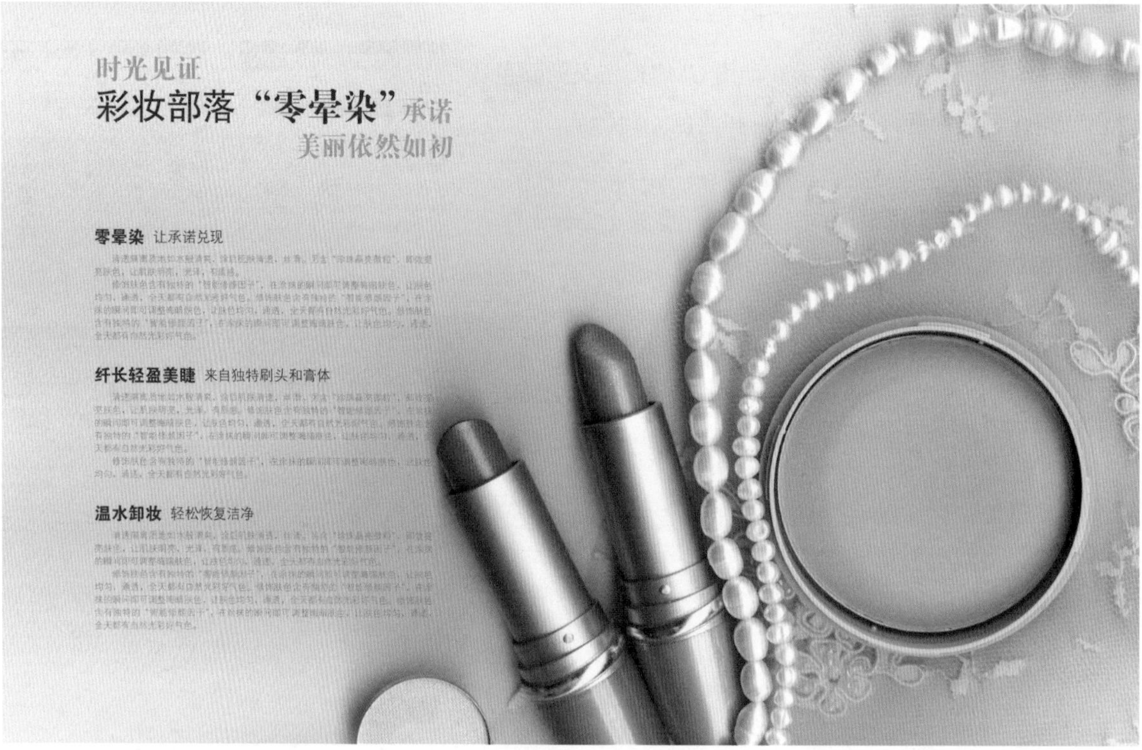

1. 新建和应用颜色

图4-9

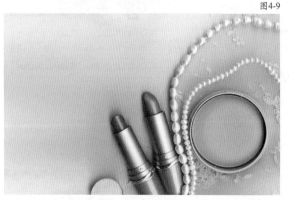

图4-10

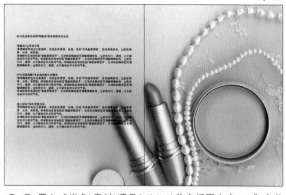

01 打开"光盘\素材\项目04\4-1\4-1美容杂志插页.indd"文件。

02 置入"光盘\素材\项目04\4-1\美容插页内容.txt"文件到页面中。

图4-11

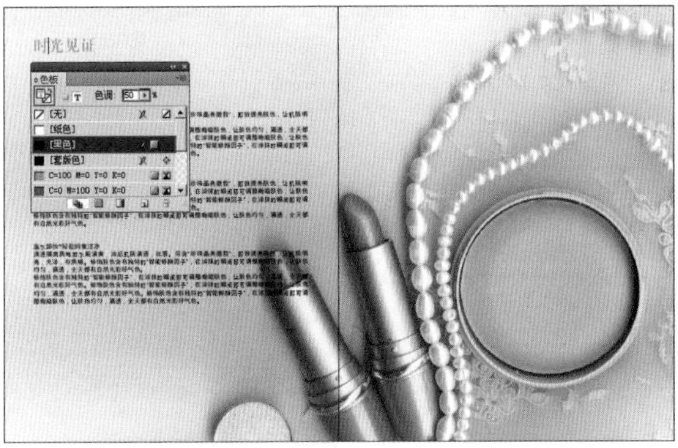

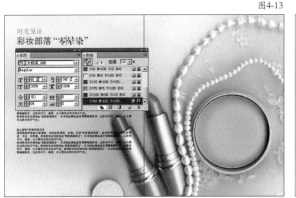

图4-12

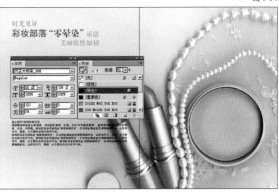

03 选择"时光见证"，将其剪切并粘贴，设置字体为"方正大标宋_GBK"，字号为"30点"，文字颜色为"黑色"，色调为"50%"。

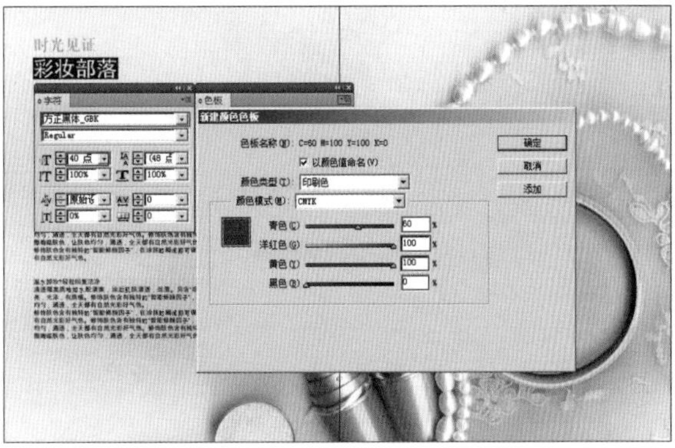

04 剪切并粘贴"彩妆部落"，设置字体为"方正黑体_GBK"，字号为"40点"，单击【色板】面板右侧的三角按钮，选择"新建颜色色板"，设置颜色数值为（60，100，100，0）。

图4-13

图4-14

05 剪切并粘贴"零晕染"，设置字体为"方正大标宋_GBK"，字号为"40点"，文字填充色为（60，100，100，0）。

06 分别剪切并粘贴"承诺"和"美丽依然如初"，设置字体为"方正大标宋_GBK"，字号为"30点"，文字填充色为"黑色"，色调为"50%"。

图4-15

时光见证
彩妆部落 "零晕染" 承诺
美丽依然如初

零晕染承诺兑现

图4-16

07 选择"零晕染"，设置字体为"方正黑体_GBK"，字号为"19点"，段后间距为"2毫米"，选择"让承诺兑现"，设置字体为"方正中等线_GBK"，字号为"16点"，文字颜色为（60，100，100，0）。

08 在"零晕染"中插入文字光标，新建字符样式。在"让承诺兑现"中插入文字光标，新建"标题"样式，选择【首字下沉和嵌套样式】选项，单击【新建嵌套样式】按钮，选择"字符样式1"，单击【字符】旁的向下三角按钮选择半角空格。

小提示　设计知识　版面设计中的暖色和冷色

颜色的种类很多，不同的颜色给人不同的感觉。红、橙、黄让人感到温暖和快乐，因此称为"暖色"。蓝、绿、紫让人感到安静和清新，因此称为"冷色"。本例宣传的是化妆品，所以大面积采用暖色。粉色系代表浪漫。粉色是在纯色里加白，形成一种明亮但不刺目的颜色。粉色会引起人的兴趣与快感，但又比较柔和、宁静。浪漫色彩的设计，借由粉橙色表现出来，让人觉得这是一款具有柔和、典雅气质的化妆品，充分体现了所要表达的主题。

图4-17

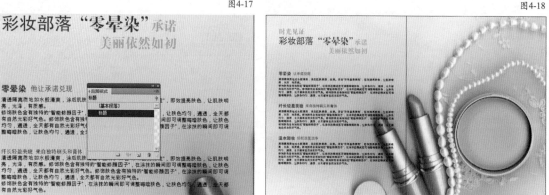

图4-18

09 在"零晕染"和"让承诺兑现"中间插入文字光标，按Ctrl+Shift+N组合键，插入半角空格，单击【段落样式】面板中的"标题"样式。

10 分别在"纤长轻盈美睫"和"来自独特刷头和膏体"，"温水卸妆"和"轻松恢复洁净"中插入半角空格，然后应用"标题"样式。

图4-19

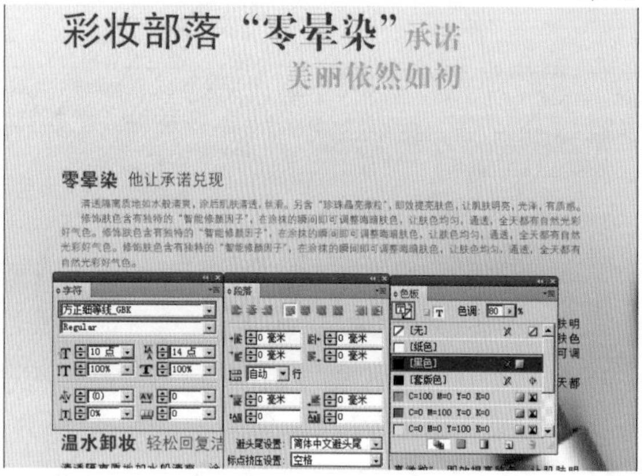

图4-20

11 选择正文，设置字体为"方正细等线_GBK"，字号为"10点"，行距为"14点"，文字颜色为"黑色"，色调为"80%"，【标点挤压】设置为"空格"。

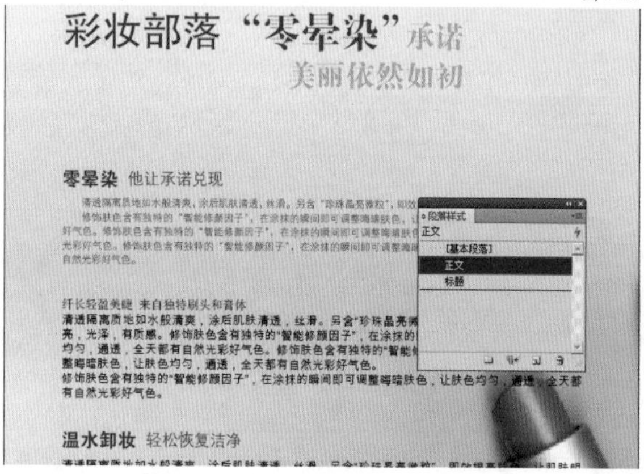

12 新建段落样式，命名为"正文"，然后单击"正文"样式，即完成应用样式的操作。

图4-21

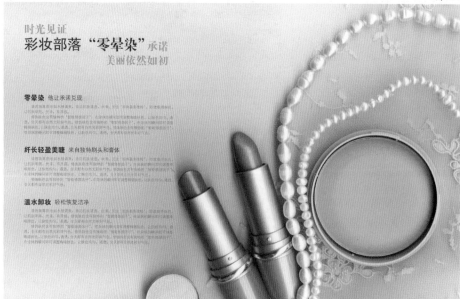

13 将"正文"样式应用到正文中，调整文本框的大小。

⊿ 2. 错误解析

制作知识

（1）色板中无法找到新建的颜色的解决方法如图 4-22 和图 4-23 所示。

图4-22　　　　　　　　　　　　　　　　　　　　　　　　　　　　　　　图4-23

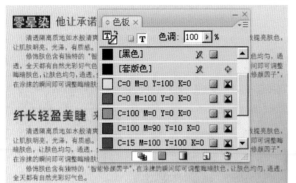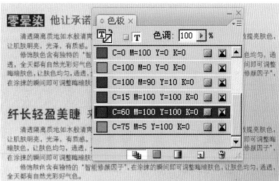

选中一段设置了颜色的文字后，色板中没有自动弹出对应的颜色数值，这说明该文字的颜色不是通过色板新建的。

选中一段设置了颜色的文字后，色板中自动弹出对应的颜色数值，说明该文字的颜色是通过色板新建的。

（2）必须通过色板新建颜色。

通过色板新建颜色可以提高工作效率。在设计时，经常会遇到变更颜色方案的情况，在色板中创建一个颜色数值后，可以将其应用在多个对象上，如果需要修改，直接更改色板中的颜色数值，所有应用修改颜色的对象都会统一更改。

印刷知识

错误使用 RGB 颜色的解决方法如图 4-24 和图 4-25 所示。

图4-24　　　　　　　　　　　　　　　　　　　　　　　　　　　　　　　图4-25

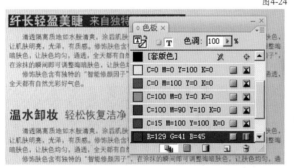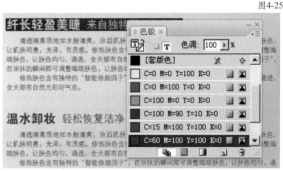

使用 RGB 模式建立颜色后，色板中显示为 ▦，RGB 颜色在印刷时会有比较大的颜色偏差，因此，不要在 InDesign 中新建 RGB 颜色。

使用 CMYK 模式建立颜色后，色板中显示为 ▨，CMYK 颜色是专门用于印刷的颜色模式，推荐使用。

任务3 服饰杂志 插页设计

本任务主要是完成一个服饰杂志插页的制作，本例的插页广告是为某品牌服装店做宣传，因此采用的图片中以衣着绚丽的模特为主，背景为紫色色块加上渐变的大圆点，并点缀着星光，产生一种五光十色的效果。使用笔画较粗的文字，配上描边，填充上渐变色，每一处都会有不同效果的视觉冲击力，如图 4-26 所示。

图4-26

↘ 1. 渐变的设置和调整

渐变的设置和调整的方法如图 4-27~ 图 4-53 所示。

图4-27

图4-28

01 打开"光盘\素材\项目04\4-2\4-2服饰杂志插页.indd"文件。

02 输入"2009"，设置字体为"Chaparral Pro"，样式为"Bold"，字号为"100点"，字符间距为"120"，文字填充为纸色，描边为（60，100，0，0），描边为"0.5毫米"。

图4-29

小提示　印刷知识　为什么要使用CMYK模式下的渐变

使用不同模式的颜色创建渐变后对渐变进行打印或分色时，所有颜色都将转换为 CMYK 印刷色。由于颜色模式的更改，颜色可能会发生变化。要获得最佳效果，建议使用 CMYK 颜色指定渐变。

图4-30

03 输入"魅力宝贝"，设置字体为"方正粗倩_GBK"，字号为"90点"，文字填充为纸色，描边为（60，100，0，0），描边为"0.5毫米"。

04 用【钢笔工具】按照文字的轮廓绘制图形。

图4-31

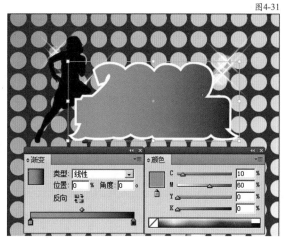

图4-32

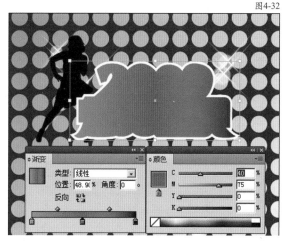

05 设置描边为"2毫米"，颜色为纸色。在【渐变】面板中选择起始色标，在【颜色】面板中设置起始色标颜色为（10，60，0，0），按Enter键。

06 在渐变条的中间位置单击，添加一个色标，在【颜色】面板中设置新添色标颜色为（40，75，0，0），按Enter键。

图4-33

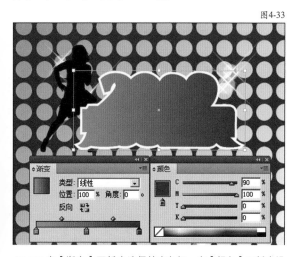

图4-34

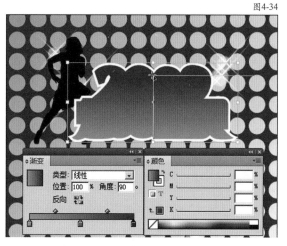

07 在【渐变】面板中选择结束色标，在【颜色】面板中设置结束色标颜色为（90，100，0，0），按Enter键。

08 选择【渐变色板工具】，在图形中由下至上拖曳鼠标，改变渐变方向。

图4-35

图4-36

09 选择图形，将光标放在"渐变填充"内右击，选择"添加到色板"，将渐变色存储到【色板】面板中，按Ctrl+【组合键，将图形置于文字的下方。

10 用【矩形工具】绘制一个矩形，执行"对象/角选项"命令，设置【效果】为圆角，【大小】为"12毫米"，填充色为（10，60，0，0），描边色为纸色。

图4-37

图4-38

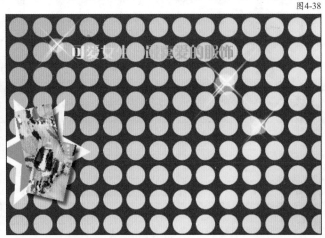

11 输入"《米卡服饰》《菲亚服饰》专属模特服装展示会"，设置字体为"方正大黑_GBK"，字号为"26点"，居中对齐，文字颜色为纸色，描边色为（0，35，0，0）。

12 输入"可爱女生们最喜爱的服饰"，选中文字，设置字体为"方正粗倩_GBK"，字号为"30点"，渐变色起始色标为（0，0，0，0），在中间位置添加一个色标颜色为（0，20，100，0），结束色标为（0，50，100，0），存储渐变色。

图4-39

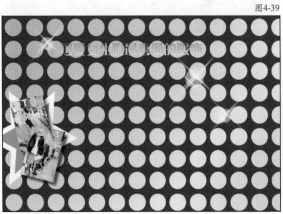

图4-40

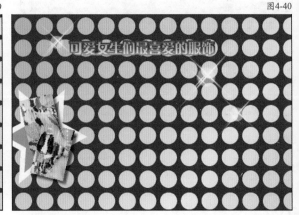

13 选择【渐变色板工具】，在文字中由下至上拖曳鼠标，改变渐变方向。

14 设置描边粗细为"1毫米"，颜色为渐变色，起始色标为（0，50，100，0），中间添加新色标（30，100，100，0），结束色标为（60，85，100，0），由下至上拖曳鼠标。

图4-41

15 复制并粘贴渐变文字，全选文字内容，输入魅力宝贝，字号为"40点"。

图4-42

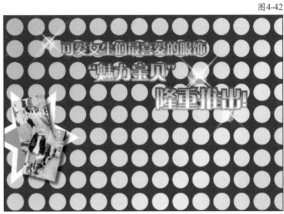

16 复制并粘贴渐变文字，全选文字内容，输入"隆重推出！"，字号为"50点"。

图4-43

17 用【选择工具】选择3组渐变文字，单击【效果】面板右侧的三角按钮，选择"效果/投影"，设置【不透明度】为"100%"。

图4-44

18 按住Shift键，用【矩形工具】绘制一个正方形。用【选择工具】选中正方形，按住Alt+Shift组合键，垂直向下拖曳并复制图形，保持选中状态，连续按Ctrl+Alt+3组合键4次（重复上次操作的快捷键）。

图4-45

19 全选小方格，按住Alt+Shift组合键，水平向左拖曳并复制图形，保持选中状态，连续按Ctrl+Alt+3组合键若干次。

图4-46

20 全选小方格，执行"对象/路径/复合路径"命令，将多个图形组合为一个图形。

图4-47

图4-48

21 选择组合图形，单击【渐变】面板的"新建渐变色板"，用【渐变色板工具】由左至右调整渐变方向。

22 输入购"魅力宝贝"，字体为"方正大黑_GBK"，字号为"30点"，渐变颜色为"新建渐变色板2"，用【渐变色板工具】由下至上调整渐变方向。

图4-49

图4-50

23 选择上一步设置的文字，复制文字，右击，选择原位粘贴。

24 按Ctrl+【组合键置于渐变文字的下方，按→和↓微调黑色文字，制作出投影效果。

图4-51

图4-52

25 输入和"米卡"美女模特面对面，设置文字属性和文字投影效果与购"魅力宝贝""相同。

26 输入"欢迎拨打热线电话："，设置字体为"方正大黑_GBK"，字号为"20点"，文字填充色为黑色，描边色为纸色，粗细为"1毫米"。

图4-53

小提示 制作知识

为文字应用渐变色或调整渐变方向时，必须用【文字工具】选择文字才能应用，插入文字光标或用【选择工具】选择文本框都不能为文字填充渐变色。

27 输入电话"400-800-8888"，设置字体为"Bernard MT Condensed"，字号为"50点"，文字渐变色为"新建渐变色板"，用【渐变色板工具】由下至上调整渐变方向，描边色为纸色，粗细为"1毫米"。

2.　知识拓展

—制作知识—

（1）创建渐变色板。

可以通过处理纯色和色调的【色板】面板来创建、命名和编辑渐变色，也可以通过【渐变】面板创建未命名的渐变色。本知识点主要讲解通过【色板】面板创建渐变色，如图4-54～图4-56所示。

图4-54

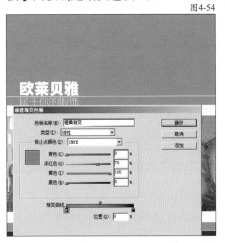

图4-55

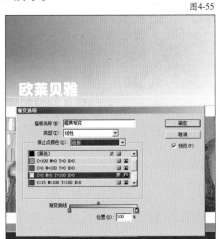

01 单击【色板】面板右侧的向下三角按钮，选择"新建渐变色板"。设置【色板名称】为"橙黄渐变"，【类型】为"线性"，选择左边的色标，颜色为（0，70，100，0）。

02 若要选择【色板】面板中的已有颜色，可以在【停止点颜色】下拉列表中选择"色板"，然后从列表中选择颜色。

图4-56

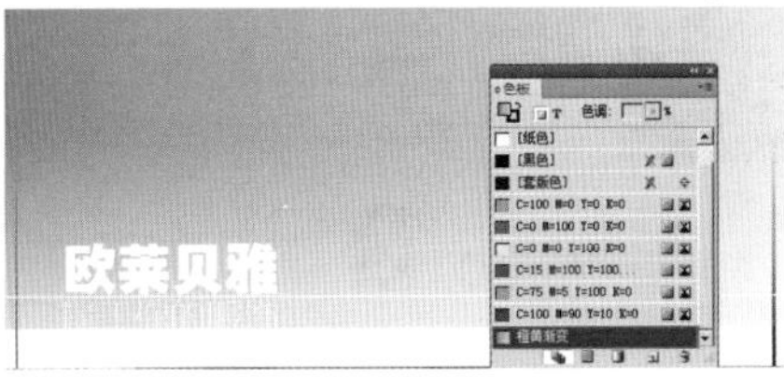

03 单击【确定】或【添加】按钮，该渐变连同其名称被存储在【色板】面板中。

小提示　制作知识

　　若要调整渐变颜色的位置，可以拖曳位于渐变条下的色标。选择渐变条下的一个色标，然后在【位置】文本框中输入数值以设置该颜色的位置。该位置表示前一种颜色和后一种颜色之间的距离百分比。

　　若要调整两种渐变颜色之间的中点（颜色各为50%的点），可以拖曳渐变条上的菱形图标。选择渐变条上的菱形图标，然后在【位置】文本框中输入数值，以设置该颜色的位置。该位置表示前一种颜色和后一种颜色之间的距离百分比。

图4-57

（2）使用【渐变】面板来应用未命名的渐变色。

虽然建议在创建和存储渐变色时使用【色板】面板，但也可以用【渐变】面板设置渐变色，并随时将当前渐变色添加到【色板】面板中。【渐变】面板对于创建不经常使用的渐变色很有用，如图4-57所示。

（3）修改渐变色。

可以通过添加颜色以创建多色渐变或通过调整色标和中点来修改渐变色。最好利用将要进行调整的渐变色为对象填色，以便在调整渐变色的同时在对象上预览效果，如图4-58和图4-59所示。

图4-58

图4-59

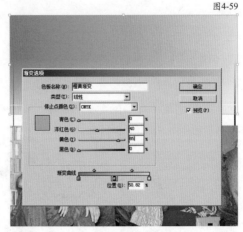

01 用【选择工具】选择一个对象。

02 双击【色板】面板中的渐变色，或打开【渐变】面板。单击渐变条上的任意位置，定义一个新色标，设置新色标的颜色（0，40，85，0）。

（4）导入色板。

可以从其他文档导入颜色和渐变色，将所有或部分色板添加到【色板】面板中。可以从 InDesign、Illustrator 或 Photoshop 创建的 InDesign 文件 (.indd)、InDesign 模板 (.indt)、Illustrator 文件（.ai 或 .eps）和 Adobe 色板交换文件 (.ase) 载入色板。Adobe 色板交换文件包含以 Adobe 色板交换格式存储的色板。

①导入文件中的选定色板，如图 4-60~ 图 4-63 所示。

图4-60

图4-61

01 单击【色板】面板右侧的向下三角按钮，选择"新建颜色色板"，弹出【新建颜色色板】对话框。

02 从【颜色模式】的下拉列表中选择"其他库"，然后选择要从中导入色板的文件。

图4-62

图4-63

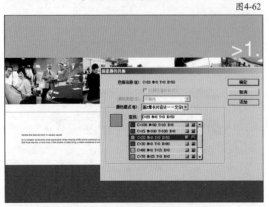

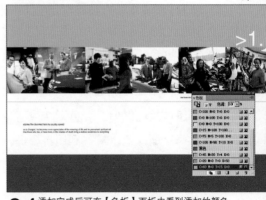

03 单击【打开】按钮，选择载入的色板，如果要载入多个色板，可以单击【添加】按钮。

04 添加完成后可在【色板】面板中看到添加的颜色。

②导入文件中的所有色板。

单击【色板】面板右侧的向下三角按钮，选择【载入色板】，在【打开文件】对话框中选择一个 InDesign 文件，单击【打开】按钮，即完成导入所有色板的操作。

（5）快速新建多个颜色。

如果需要同时建立多个颜色，可采用如图 4-64 所示的方法。

在新建颜色时，设置完数值后，单击【添加】按钮，直接将颜色添加到【色板】面板中，然后继续设置数值，再单击【添加】按钮。

图4-64

任务4 作业

根据提供的素材完成以下作业。

作业要求

设计要求：为文字设置的渐变色要与背景协调。

制作要求：渐变的过渡要均匀。

印刷要求：文字不能离页边距过近。

课后训练

了解路径的基础知识。

了解线路图的常见表现手法。

了解 InDesign 的图形功能。

项目05

路线图和装饰图案绘制——线条和图形

设计要点

◎ 关于路线图的设计。路线图不是地图，我们平常所看到的地图包含整个区域的道路和街道，错综复杂；而路线图所要展示的只是某个区域的行走路线，所以在绘制线路图时，只需要提取最主要的干道，然后用最直接的方法绘制出来，让路人能够借助路线图到达目的地即可。

◎ 关于InDeisng中的装饰图案设计。本书讲解的核心是设计、排版和印刷的相关知识，因此在这讲解的装饰图案仅起到修饰版面的作用，不会涉及太复杂的图案创作。如何通过简单的几何图形搭配出好看的图案？常用方法是，有规律地复制并旋转相同图形，得到一个组合图形；或是等比例缩小相同图形，使它们成为同心圆，例如靶心图案。

技术要点

◎ 掌握【钢笔工具】的用法。

◎ 掌握【铅笔工具】的用法。

◎ 掌握描边类型的设置方法。

◎ 掌握路径的用法。

◎ 掌握【路径查找器】的用法。

课时安排

任务1 学习绘图的基础知识

InDesign 自带的绘图功能免去了反复置入图形和修改的麻烦，通过本任务的学习，读者能够掌握路径的绘制方法和各种描边效果。

↘ 1. 路径的绘制

认识路径

路径由一个或多个直线段或曲线段组成。路径分为闭合路径和开放路径，主要由方向线、方向点和锚点一起控制其形状，如图 5-1 所示。

图5-1

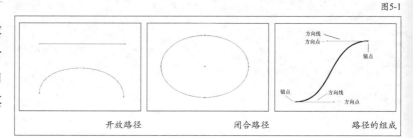

开放路径　　　　闭合路径　　　　路径的组成

有关路径的工具

创建或编辑路径的工具包括【钢笔工具】、【添加锚点工具】、【删除锚点工具】、【转换方向点工具】、【铅笔工具】、【平滑工具】及【抹除工具】等，如图 5-2 所示。

图5-2

直线的绘制

按住 Shift 键可以绘制出固定角度的直线，如水平、垂直和以 45° 为倍数的方向线；还可通过调整方向线和方向点绘制曲线，如图 5-3~ 图 5-5 所示。

图5-3　　　　　　　　　图5-4　　　　　　　　　图5-5

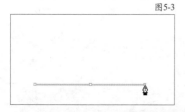　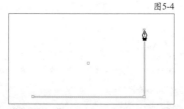　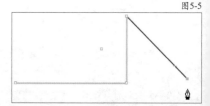

01 用【钢笔工具】在页面空白处绘制路径的起点，按住Shift键不放将鼠标指针向右移动一段距离后单击，绘制出一条水平方向的路径。

02 与步骤01相同，按住Shift键不放将鼠标指针向上移动一段距离后单击，绘制一条垂直方向的路径。

03 继续按住Shift键不放将鼠标指针向右下方移动一段距离后单击，绘制出一条45°方向的路径。

曲线的绘制

曲线的绘制如图 5-6~ 图 5-8 所示。

图5-6　　　　　　　　　图5-7　　　　　　　　　图5-8

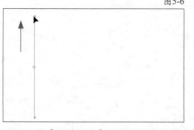　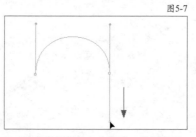　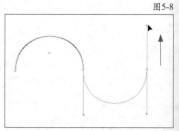

01 用【钢笔工具】在页面空白处单击并垂直向上拖曳鼠标。

02 将鼠标指针向右移动一段距离后，单击并垂直向下拖曳鼠标。

03 将鼠标指针向右移动一段距离后，重复步骤01的操作，完成连续曲线的绘制。

图5-9　图5-10

小提示 制作知识

可通过按住 Alt 键调整方向点，绘制出不同的曲线，也可以将曲线与直线结合绘制路径，如图5-9和图5-10所示。

2. 描边的设置

端点、连接和对齐描边

端点是指选择一个端点样式以指定开放路径两端的外观，它分为 3 种类型：平头端点、圆头端点、投射末端。

连接是指转角处描边的外观，它分为 3 种类型：斜接连接、圆角连接、斜面连接。

还可设置描边相对于路径的 3 种类型：描边对齐中心、描边局内、描边局外，如图 5-11 所示。

图5-11

平头端点、斜接连接、描边对齐中心　　　圆头端点、圆角连接、描边局内　　　投射末端、斜面连接、描边局外

类型、起点、终点、间隙颜色和色调

通过【描边】面板可对路径设置不同的类型效果，还可通过起点和终点配合类型设置与众不同的箭头。如果选择虚线类型，还可用间隙颜色和色调来设置虚线的间隙，如图 5-12~ 图 5-14 所示。

图5-12

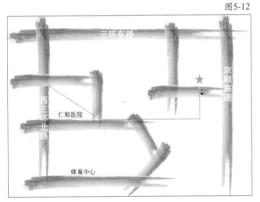

01 用【钢笔工具】绘制一条方向线。

图5-13

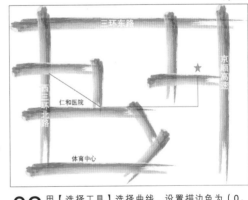

02 用【选择工具】选择曲线，设置描边色为（0，100，50，0）。

图5-14

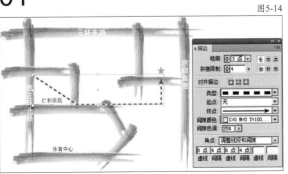

小提示 制作知识 如何绘制虚线

在【类型】下拉列表中选择"虚线"才能显示【角点】和虚线间隔的选项。

03 在【描边】面板中，设置【粗细】为"3点"，【类型】为"虚线"，【终点】为"倒钩"箭头，【间隙颜色】为（0，0，100，0），【间隙色调】为"25%"，设置虚线和间隔的数值为"6点，4点，6点，4点"。

任务2 铁路交通示意图的绘制

本任务主要是完成一个铁路交通示意图的制作，在设计交通示意图时，注意版面使用的颜色，为示意图选择相应的颜色，使版面更协调。在绘制示意图大小时，不是随意绘制一个矩形框添加一些线条，而要考虑与周围元素的对应关系。本案例使用【铅笔工具】绘制路径，使崎岖的山路表现得更自然，使用描边样式的设置表现公路示意图，如图5-15所示。

图5-15

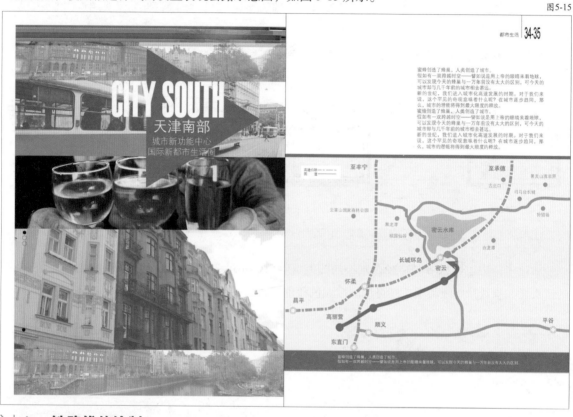

1. 铁路线的绘制

铁路线绘制的方法如图5-16～图5-27所示。

图5-16

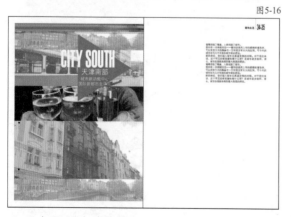

01 打开"光盘\素材\项目05\5-2\5-2交通图.indd"文件。

图5-17

02 用【矩形工具】绘制一个矩形，填充色为（50，60，65，10）。

图5-18

03 在棕色块上用【矩形工具】绘制一个矩形，填充色为（0，5，15，0）。

图5-19

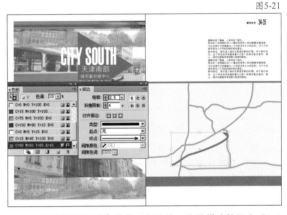

04 用【铅笔工具】绘制6条互相交叉的曲线。

图5-20

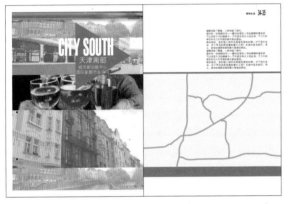

05 设置描边粗细为"2毫米"，颜色为（15，45，100，0）。

图5-21

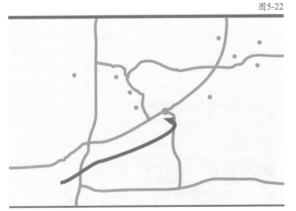

06 用【钢笔工具】绘制一条弧线，设置描边粗细为"2.5毫米"，终点为倒钩，颜色为（50，60，65，10）。

图5-22

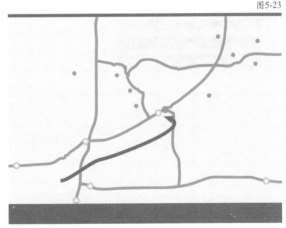

07 用【椭圆工具】绘制一个小圆，将其复制粘贴到示意图各处位置上，填充色为（15，45，100，0）。

图5-23

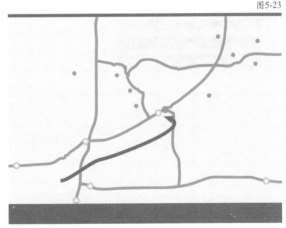

08 用【椭圆工具】绘制两个大小不一的小圆，描边粗细为"0.1毫米"，描边色为（50，60，65，10），填充色为（0，5，15，0），用【选择工具】选择它们，设置水平垂直居中对齐，右击选择编组，将它们复制粘贴到示意图各处位置上。

图5-24

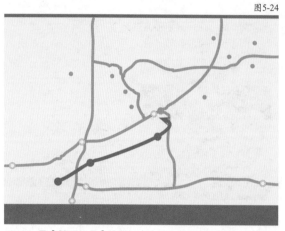

图5-25

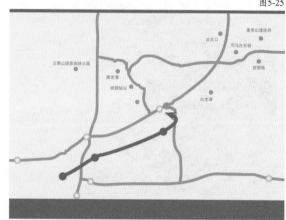

09 用【椭圆工具】绘制一个小圆，将其复制粘贴到示意图各处位置上，填充色为（50，60，65，10）。

10 在各圆点位置上输入地名，设置字体为"方正中等线_GBK"，字号为"9点"，颜色为（15，45，100，0）。

小提示 印刷知识 如何把握线的粗细

初学者往往对于描边粗细的设置比较难掌握，在电脑屏幕上看着合适的线条，打印时却显得非常粗。对于线条粗细的把握，还需要经验的积累，笔者在此提供描边粗细对照表，以及毫米和点的换算，供读者参考，如表5-1所示。

表5-1

描边	点	毫米
	0.25	0.08
	0.5	0.17
	0.75	0.26
	1	0.35
	2	0.7
	3	1.05
	4	1.41
	5	1.76
	6	2.11
	7	2.46
	8	2.82
	9	3.17
	10	3.52

图5-26

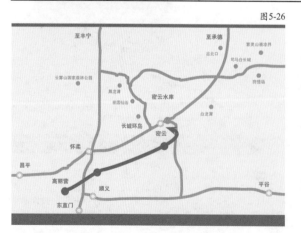

图5-27

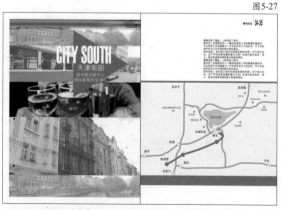

11 再次添加地名，设置字体为"方正黑体_GBK"，字号为"12点"，颜色为（50，60，65，0）。

12 在"密云水库"附近按照曲线交叉的轮廓用【钢笔工具】绘制一个封闭的图形，填充色为（45，10，0，0），按Ctrl+【组合键将其置于文字下方。

2. 描边样式的设置

描边样式设置的方法如图5-28~图5-34所示。

图5-28

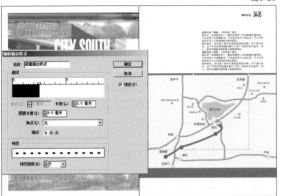

01 选择一条曲线，单击【描边】面板右侧的三角按钮，选择【描边样式】，单击【新建】按钮，设置【图案长度】为"8.5毫米"，指定图案重复的长度，【长度】为"2.5毫米"。

图5-29

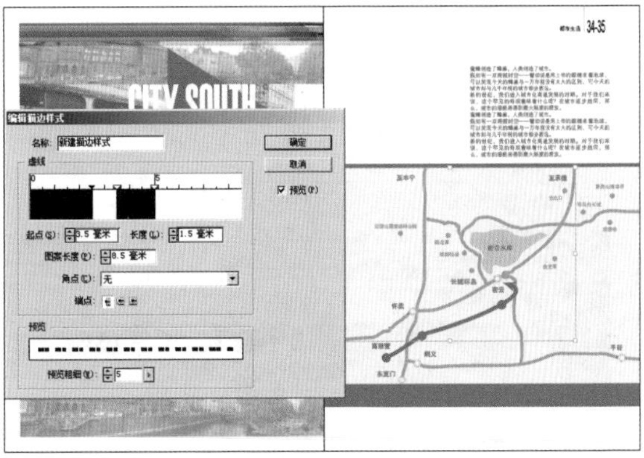

02 单击标尺添加一个新虚线，设置【起点】为"3.5毫米"，【长度】为"1.5毫米"。

图5-30

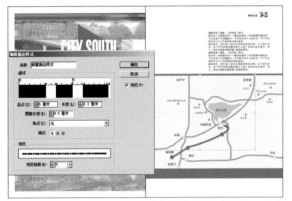

03 继续添加新虚线，设置【起点】为"6毫米"，【长度】为"2.3毫米"。

图5-31

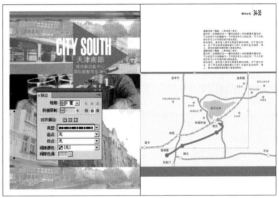

04 单击【确定】按钮，在【描边】面板中选择前面设置的描边类型。

图5-32

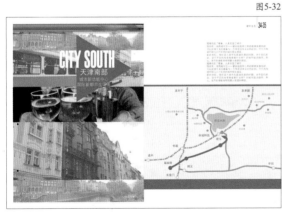

05 选择另一条曲线，应用新建描边样式。

图5-33

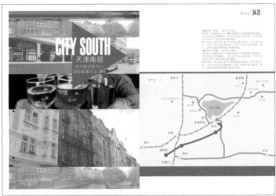

06 用【矩形工具】绘制一个矩形，填充色为纸色，输入"高速公路"和"国道"，在"国道"中间插入文字光标，按Ctrl+Shift+M组合键，插入两个全角空格，在"高速公路"和"国道"旁用【直线工具】绘制两条直线，描边类型分别选择新建描边样式，实底，【粗细】为"0.35毫米"，颜色为（15，45，100，0）。

图 5-34

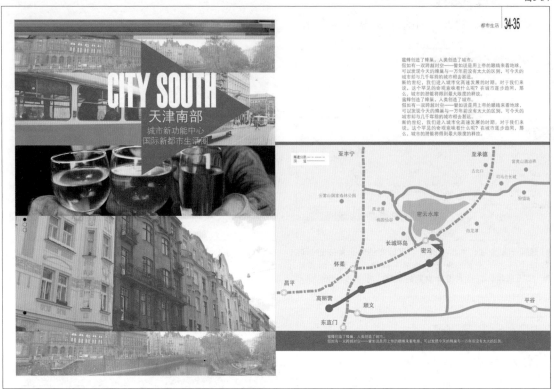

07 复制粘贴案例中的第1和第2句话，放在示意图的下方，设置字体为"方正中等线_GBK"，字号为"8点"，文字颜色为纸色。

3. 知识拓展

设计知识

描边在设计中的应用。

描边的粗细在不同场合有不同的设置，页面中的线条起着修饰版面的作用，使元素之间产生联系，所以描边不宜过粗。文字中的描边起着突出作用，在背景比较复杂的情况下使用，多用于标题、广告口号，正文不建议使用描边。简易线路图中描边起着明示作用，对主干道的描边应比其他道路稍粗一些，便于读者查看，如图 5-35 和图 5-36 所示。

图5-35

描边粗细比较适合版面的设计

描边过粗，破坏版面的整体效果

图5-36

在复杂的背景页面中为文字使用描边效果，可以突出文字内容

↘ 4.　错误解析

── 制作知识 ──

自定义描边样式的设置。

可以使用【描边】面板创建自定描边样式,如图 5-37 和图 5-38 所示。自定描边样式可以是虚线、点线或条纹线，在这种样式中，可以定义描边的图案、端点和角点属性。在将自定描边样式应用于对象后，可以指定其他描边属性，如粗细、间隙颜色以及起点和终点形状。

图5-37

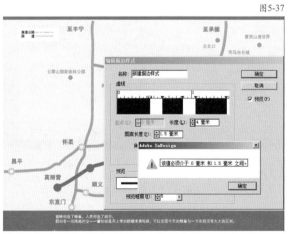

图5-38

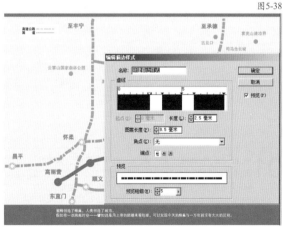

在设定描边样式时，要计算好图案的总长度（即重复图案的长度），当图案的总长度小于单个元素的长度时，不能完成描边样式的设定。

图案的总长度大于单个元素的长度时，可以完成描边样式的设定。

任务3 开幕酒会舞台布景设计

本任务主要是完成一个开幕酒会舞台布景的制作，任务中设计的舞台布景采用的元素以圆形为主，通过调整图形的不透明度来表现重叠、层次和远近关系。使用渐变底色和圆形作为背景，并用圆点线条和星光效果修饰文字，布景主题文字使用渐变色加上粗描边突出晚会主题，如图 5-39 所示。

图5-39

↘ 1. 绘制图形

绘制图形的方法如图5-40~图5-46所示。

图5-40

01 执行"文件/新建/文档"命令，设置【页数】为"1"，【宽度】为"3200毫米"，【高度】为"1500毫米"，取消选中对页，单击【边距和分栏】，设置上、下、内、外的边距为"0"。

图5-41

02 用【矩形工具】绘制一个满版矩形，填充渐变色，起始色标为（25，50，0，0），结束色标为（80，100，0，30），选中【图层】面板的"切换锁定"复选框，单击【创建新图层】按钮。

图5-42

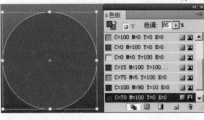

03 选择图层2进行后续的操作，按住Shift键，用【椭圆工具】绘制一个圆形，填充色为（70，100，0，0），【色调】为"85%"。

图5-43

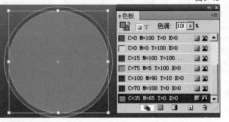

04 绘制比前一个稍小的圆形，填充色为（35，65，0，0），水平垂直居中对齐。

图5-44

05 按照前两步的方法交替颜色绘制大小不一的圆形。

图5-45

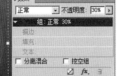

图5-46

06 用【选择工具】选择前面绘制的一组同心圆，右击，选择编组，设置【不透明度】为"30%"。

07 按照上述方法绘制若干组大小不一的同心圆，分布在背景图的各个位置，【不透明度】都为"30%"。

小提示 　制作知识　图层的应用

由于本案例使用的元素较多，因此通过图层来分层归类元素，这样便于对象的选择。

在绘制交替颜色的同心圆时，可以绘制几个不同变换的圆，然后放大、或缩小、或几个一组、或叠放，摆在页面中。

2. 组合图形

组合图形如图5-47~图5-52所示。

图5-47

图5-48

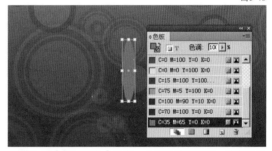

01 单击图层2的"切换锁定"复选框，再单击【创建新图层】按钮，在图层3上进行后续操作。

02 用【椭圆工具】绘制一个细长的椭圆形，填充色为（35，65，0，0）。

图5-49　　　　　　　图5-50　　　　　　　　　　　　　图5-51

03 选择【旋转工具】，按住Alt键单击椭圆的下方，设置角度为15°，单击【副本】按钮。

04 保持图形的选中状态，按Ctrl+Alt+3组合键，以椭圆下方为中心进行旋转复制，直至环绕为一个花形。

05 用【选择工具】选择花形，单击【路径查找器】面板的【排除重叠】按钮。

图5-52

小提示 　制作知识　如何快速制作出几何图案

在 Illustrator 中重复上一次操作的快捷键是 Ctrl+D，在 InDesign 是 Ctrl+Shift+3，此快捷键经常用来制作一些有规律的图形，然后配合【路径查找器】面板，可以制作出简单的几何图形。

06 设置花形的不透明度为"40%"，并将其复制粘贴两次，分别放在页面的左上方与右上角，按住Ctrl+Shift组合键拖曳鼠标调整它们的大小，设置它们的填充色为（70，100，0，0），左上方花形的不透明度为70%，右上角花形的不透明度为35%。

3. 效果设置

效果设置的方法如图 5-53~ 图 5-64 所示。

图5-53

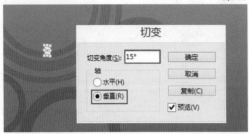

01 用【矩形工具】绘制一个小方格，设置填充色为纸色，执行"对象/变换/切变"命令，设置【切变角度】为"15°"，选中【垂直】单选按钮。

图5-54

02 用【选择工具】选择小方格，按住Shift+Alt组合键垂直向下拖曳鼠标进行复制操作，按Ctrl+Shift+3组合键，多重复制若干个小方格，然后编组，设置不透明度为"60%"。

图5-55

03 复制粘贴方格条，用【旋转工具】旋转方格条为水平方向，设置不透明度为"80%"。

图5-56

04 用【直线工具】绘制3条水平直线和1条垂直直线，设置描边类型为"原点"，粗细分别为"15毫米"和"10毫米"，不透明度数值在20%~50%，每条直线有明淡区别即可。

图5-57

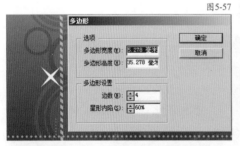

05 选择【多边形工具】单击页面空白处，设置【边数】为"4"，【星形内陷】为"60%"。

图5-58

06 单击【确定】按钮，设置填充色为纸色，单击【效果】面板右侧的三角按钮，选择"效果/渐变羽化"，设置【类型】为"径向"。

图5-59

07 复制粘贴若干个星光，摆放在页面左侧，并选择【选择工具】，按住Ctrl+Shift组合键拖曳鼠标，等比例缩放图形。

图5-60

08 输入"第52届全国汽车零配件展销会"，设置字体为"方正粗宋_GBK"，字号为"250点"，文字颜色为纸色，"52"的颜色为（0，20，100，0），单击【效果】面板右侧的三角按钮，选择"效果/投影"，设置【大小】为"6毫米"，其他保持默认值。

图5-61

图5-62

09 输入"开幕酒会"，设置字体为"方正行楷_GBK"，字号为"900点"，文字填充渐变色，起始色标为（0，40，100，0），结束色标为（0，0，80，0），线性渐变，方向由上至下，描边色为（70，100，0，0），粗细为"15毫米"。

10 用【文字工具】选择"幕"，设置字体为"1200点"，使文字之间产生对比，加强页面表现力。

图5-63

图5-64

11 输入"AUTO PARTS CHINA"，设置字体为"Times New Roman"，字号为"200点"，文字填充色为（35，65，0，0）。

12 输入"THE 52TH CHINA AUTOMOBILE PARTS FAIR"，设置字体为"Arial"，字号为"100点"，文字填充色为（35，65，0，0），选择【直线工具】并按住Shift键拖曳鼠标，绘制一条垂直直线。

小提示　设计知识　如何使标题更加突出

在设计标题时改变某些重要文字的颜色、大小、字体或添加一些效果，可以达到突出显示的目的。

任务4 作业

根据提供的素材完成以下作业。

作业要求

◇　设计要求：线路图要和原始素材巧妙结合。

◇　制作要求：绘制的线条要自然、流畅。

◇　印刷要求：为线条上色时不要使用RGB颜色。

课后训练

◇　了解常用的图片格式以及 InDesign 可支持的图片格式。

◇　了解与图片有关的知识，如分辨率、色彩模式。

◇　了解什么样的图片才能满足印刷要求。

罗列办公大楼

1. 大楼
2. 建筑立面细部
3. 建筑上的雕塑装饰和尖顶窗户结构

1. 建筑立面的对称双塔结构
2. 建筑细部
3. 外墙上的灯具和窗户

项目06

画册和菜谱设计——图像的管理与编辑

设计要点

◎ 关于画册设计。在设计画册之前，要与客户进行深入的沟通，确定画册的整体设计风格，一味地闭门造车是很难达到客户要求的。顾名思义，画册以图为主，此时文字成为辅助，在设计时应选择中等线类字体和较小字号。主题产品或主要宣传的图片可以撑满整个页面或半版，次要图片统一缩放相同大小，整齐码放在一起，这样会使版面简洁高雅，但简洁并不等于简单，在画册中还可使用较细的线条或与图片颜色相近的色块进行修饰。

◎ 关于菜谱设计。菜谱设计并不是简单地将菜名和图片罗列上去，而是让消费者从菜单上了解餐厅的特色文化。在设计菜谱时要明确设计是服务于餐厅经营的，要与菜品介绍相融合，整体感要强，使用的颜色要与餐厅色调相协调。菜单设计上要符合餐厅风格。如果餐厅是历史悠久的老字号，设计上可以采用古朴的国画，以古铜色或深红色为基调。西餐厅则可采用欧式花纹，以深棕色或橄榄绿为基调。

技术要点

◎ 掌握如何鉴别图片是否符合印刷要求。
◎ 掌握如何对大量图片进行管理。
◎ 掌握常用的图片编辑功能。

课时安排

任务1 了解合格的 印刷图片

客户所提供的图片都需要经过图像处理软件进行处理，然后再放到排版软件中进行设计排版。在这个过程中，如何设置图片的格式、模式和分辨率使其符合印刷要求是本节讲解的主要内容。

↘ 1. 与InDesign有关的图片格式

InDesign 支持多种图片格式，包括 PSD、JPEG、PDF、TIFF、EPS 和 GIF 格式等，在印刷方面，最常用到的是 TIFF、JPEG、EPS、AI 和 PSD 格式。下面将讲解在实际工作中如何挑选适合的格式。

TIFF

用于印刷的图片多以 TIFF 格式为主。TIFF 是 Tagged Image File Format（标记图像文件格式）的缩写，几乎所有工作中涉及位图的应用程序（包括置入、打印、修整以及编辑位图等），都能处理 TIFF 文件格式。TIFF 格式有压缩和非压缩像素数据。如果压缩方法是非损失性的，图片的数据不会减少，即信息在处理过程中不会损失；如果压缩方法是损失性的，能够产生大约 2：1 的压缩比，可将原稿文件大小消减到一半左右。TIFF 格式能够处理剪辑路径，许多排版软件都能读取剪辑路径，并能正确地减掉背景。

读者需要注意的是，如果图片尺寸过大，存储为 TIFF 会使图片在输出时出现错误的尺寸，这时可将图片存储为 EPS。

JPEG

JPEG 一般可将图片压缩为原大小的十分之一而看不出明显差异。但是，如果图片压缩太多，

会使图片失真。每次保存 JPEG 格式的图片时都会丢失一些数据，因此，通常只在创作的最后阶段以 JPEG 格式保存一次图片。

由于 JPEG 格式采用有损压缩的方式，所以在操作时必须注意：

四色印刷使用 CMYK 模式；

限于对精度要求不高的印刷品；

不宜在编辑修改过程中反复存储。

EPS

EPS 文件格式可用于像素图片、文本以及矢量图形。创建或编辑 EPS 文件的软件可以定义容量、分辨率、字体、其他的格式化和打印信息。这些信息被嵌入到 EPS 文件中，然后由打印机读入并处理。

PSD

PSD 格式可包含各种图层、通道等，需要进行多次修改的图片建议存储为 PSD。这种格式的缺点是增加文件量，打开文件速度缓慢。

AI

AI 是一种矢量图格式，可用于矢量图形及文本的存储，如在 Illustrator 中编辑的图片可以存储为 AI 格式。

↘ 2. 与InDesign有关的色彩空间

一般图片常用到 4 种模式：RGB、CMYK、灰度、位图。

RGB 与 CMYK

在排版过程中，经常会处理彩色图片，当打开某一个彩色图片时，它可能是 RGB 模式，也可能是 CMYK 模式。用于印刷的图片必须是 CMYK 模式。

RGB 模式是所有基于光学原理的设备所采用的色彩方式（显示器就是以 RGB 模式工作的），CMYK 模式是颜料反射光线的色彩模式。RGB 模式的色彩范围要大于 CMYK 模式，所以 RGB 模式能够表现许多颜色，尤其是鲜艳而明亮的色彩，不过前提是显示器的色彩必须是经过校正的，这样才不会出现图片色彩的失真，这种色彩在印刷时是难以印出来的。

设计师还应注意的是，对于所打开的图片，无论是 CMYK 模式，还是 RGB 模式，都不要在这两种模式之间进行多次转换。因为，在图像处理软件中，每进行一次图片色彩空间的转换，都将损失一部分原图片的细节信息。如果将一幅图片一会儿转成 RGB 模式，一会儿转成 CMYK 模式，图片的信息丢失将会很大，因此需要印刷的图片要先转为 CMYK 模式再进行其他处理。

灰度与位图

灰度与位图是 Photoshop 中最基本的色彩模式，如图 6-1 和图 6-2 所示。灰度模式用白色到黑色范围内的 256 个灰度级显示图像，可以表达细腻的自然状态。位图模式只用两种颜色——黑色和白色显示图像。因此灰度图看上去比较流畅，而位图则显得过渡层次不清楚。如果图片用于非彩色印刷而又需要表现阶调，一般用灰度模式；如果图片只有黑和白不需要表现阶调层次，则用位图。

图6-1

图6-2

灰度图

位图

3. 常用分辨率设置

图片的用处不同设置的分辨率也不一样。

喷绘

喷绘是指户外广告，因为输出的画面很大，所以其输出图片的分辨率一般在 30~45 ppi，如图 6-3 所示。喷绘的图片对分辨率没有标准要求，不过设计师需要根据喷绘尺寸大小、使用材料、悬挂高度和使用年限等因素来考虑分辨率。

网页

因为互联网上的信息量较大、图片较多，所以图片的分辨率不宜太高，否则会影响网页打开的速度。网页上的图片分辨率一般为 72 ppi，如图 6-4 所示。

图6-3

印刷品

印刷品的分辨率要比喷绘和网页的要求高，如图 6-5 所示。下面列举 3 个常见出版物分辨率的设置。

喷绘

报纸以文字为主图片为辅，所以分辨率一般为 150 ppi，但是彩色报纸对彩图要求要比黑白报纸的单色图高，其分辨率一般为 300 ppi。期刊杂志的分辨率一般为 300 ppi，也要根据实际情况来设定，比如期刊杂志的彩页部分需要设置为 300 ppi，而不需要彩图的黑白部分分辨率可以设置得低些。画册以图为主文字为辅，所以要求图片的质量较高。普通画册的分辨率可设置为 300 ppi，精品画册则需要更高的分辨率，一般在 350~400 ppi。

图6-4

图6-5

↘ 4. 印前检查

印前检查是 InDesign CS6 的一个新增功能，用于随时检查文档是否存在印刷错误。在状态栏处显示当前文件是否有错误，绿色、红色或问号图标表示了每个文档的印前检查状态。绿色表示文档没有报错。红色表示有错误。问号表示状态未知。双击状态栏的印前检查可打开【印前检查】面板，如图 6-6~ 图 6-9 所示。

图6-6

图6-7

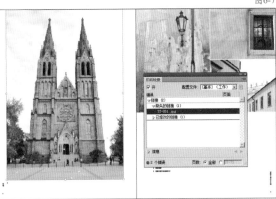

图6-8

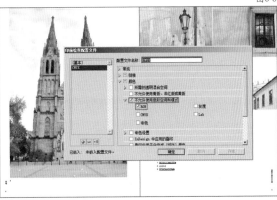

01 双击状态栏的印前检查，打开【印前检查】面板，【错误】列表框中会显示错误的地方，逐一单击三角按钮，双击错误的地方，页面会跳转到错误的地方。

02 单击面板右侧的三角按钮，选择定义配置文件，可以设置印前检查的范围。单击【新建印前检查配置文件】按钮，在配置文件名称中输入"CMYK"，选择"颜色/不允许使用色彩空间和模式"，选中【RGD】复选框。

图6-9

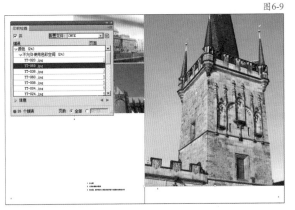

03 单击【存储】和【确定】按钮，在【配置文件】中选择"CMYK"，则在【错误】列表框中显示使用RGB色彩空间的图片。

小提示 制作知识　移动的技巧

选择一个对象，按住 Shift+ 键盘方向键，以光标键数值的 10 倍移动物体；按住 Ctrl+Shift+ 键盘方向键，以光标键数值的 1/10 移动对象。

小提示 制作知识　检查版面上的某个图片是缩小还是放大

用【直接选择工具】选择图片，通过控制面板中的"水平缩放百分比"和"垂直缩放百分比"的数值可以判断该图的缩放，100% 表示没有缩放，大于 100% 是放大，小于 100% 是缩小，如图 6-10 和图 6-11 所示。

图6-10

图6-11

任务2 室内表现公司的画册设计

　　本任务主要是完成一个室内画册设计。本画册以大图配局部小图为整体风格。图与图之间留有小空隙，通过对齐选项对版面进行调整，使版面严谨。调整图片大小和裁剪图片是本例的主要操作，为满足版面要求需要对一些图片进行裁剪，这是经过客户同意的，若用户不同意则不能随意裁图，如图 6-12~ 图 6-14 所示。

图6-12

图6-13

图6-14

图6-14（续）

位于拉斯维加斯的LUXOR酒店，有2900万立方英尺（约83万立方米）的宽大空间内，恰是全球唯一一的金字塔形建筑所带来的全新体验。
Visit the Luxor Hotel in Las Vegas, the only pyramid shaped building in the world, containing an enormous 29 million cubic feet of open space.

01-LUXOR/Deeply Sleeping Pharaoh/

12

13

14

15

↘ 1. 置入图片

置入图片的方法如图6-15~图6-28所示。

图6-15

图6-16

01 打开"光盘\素材\项目06\6-1画册\画册.indd"文件。用【矩形工具】按照页面大小绘制矩形，设置填充色为（40，100，100，25）。

02 输入"KONGJIAN"，设置字体为"Impact"，字号为"76点"，描边粗细为"0.75点"，描边色为（40，55，100，25）。

图6-17

图6-18

03 输入"室内装潢效果最新空间鉴赏"，设置字体为"方正中等线_GBK"，字号为"20点"，水平缩放为"110%"，字符间距为"120"，填充色为（0，60，100，0）。

04 输入"魏晓晓 编著"，设置字体为"方正中等线_GBK"，字号为"10点"，填充色为（40，55，100，25）。

图6-19

05 置入"光盘\素材\项目06\6-1画册\2-1.jpg"图片至页面2中。

图6-20

06 将图片"4-1.jpg"置入至页面4中。

图6-21　　　　　　　　　　图6-22　　　　　　　　　　图6-23

  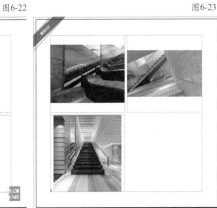

07 执行"文件/置入"命令，按住Shift键连续选择图片"6-1.jpg"、"6-2.jpg"和"6-3.jpg"，单击【打开】按钮，在没有单击页面的前提下，在页面6中，按住Ctrl+Shift组合键按照版心大小拖曳一个选框。

08 不松开鼠标，按↓和←键调整网格为2×2。

09 松开鼠标，将图片按照网格位置置入到页面中。

图6-24　　　　　　　　　　　　　　图6-25

10 按照上述方法，根据图片的名称将图片分别置入到页面中（图片的前一个数字表示页数，后一个数字表示顺序，置入一张图时，直接单击置入图片即可），参考图6-26~图6-28所示设置其他页面的图片。

图6-26

图6-27

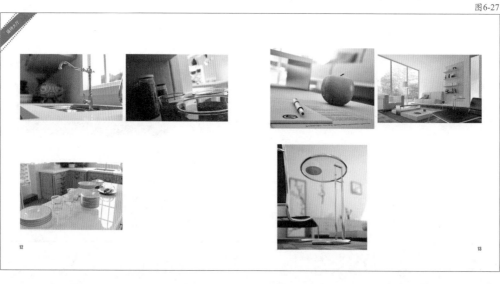

图6-28

↘ 2. 调整图片的大小及位置

调整图片的大小及位置如图6-29~图6-45所示。

图6-29

图6-30

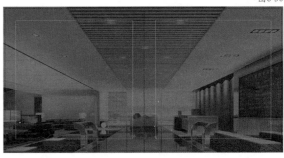

01 用【选择工具】选择图片"2-1.jpg"，将鼠标移至图片框下方中间的角点位置，当光标变为"↕"时，向上拖曳至出血位置。

02 用【矩形工具】绘制一个页面大小的矩形，填充色为（40，55，100，25），按Ctrl+Shift+【组合键置于底层，选择图片，在【效果】面板中选择混合模式为正片叠底。

图6-31

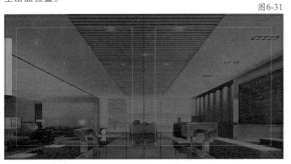

图6-32

03 用【矩形工具】绘制矩形，填充色为（0，60，100，0），放在左页面的出血位置上。

04 输入"LUXOR"，设置字体为"Impact"，字号为"115点"，输入"酒店"，设置字体为"方正大黑_GBK"，字号为"22点"，两者填充色为（0，60，100，0）。

图6-33

图6-34

05 选择图片"4-1.jpg"，将光标移至图片框左边中间的角点位置，当光标变为"↔"时，向左拖曳至钉口位置。

06 打开"光盘\素材\项目06\6-1画册\文字内容.txt"文件，复制LUXOR酒店描述的中文和英文，将其粘贴至页面5中。设置复合字体为"中等+century gothic"，标题和内文均使用复合字体，标题字号为"18点"，内文字号为"10点"，标题填充色为（0，60，100，0）。

图6-35

07 选择页面6中的全部图片，单击控制面板上的【框架适合内容】按钮，选择图片"6-3.jpg"，按住Ctrl+Shift组合键拖曳图片右下角的角点，等比例放大图片。

图6-36

图6-37

08 将光标放在图片左边中间的角点位置，向右拖曳鼠标，然后移至右边中间的角点位置，向左拖曳鼠标，遮挡图片的部分，只保留图片中的楼梯部分。

09 选择图片"6-1.jpg"和"6-2.jpg"，在【对齐】面板中选中【使用间距】复选框，输入"2毫米"，单击【水平分布间距】按钮。

图6-38

10 选择图片"6-1.jpg"，按住Ctrl+Shift组合键拖曳图片左上角和左下角的角点，拖曳图"6-2.jpg"左右两边的角点，使其与上图顶对齐，与右图底对齐。

图6-39

11 按照页面6调整图片的方法，调整页面7。

图6-40

12 用【矩形工具】绘制一个跨页矩形，填充色为（40，55，100，25），复制"文字内容.txt"中的"01-LUXOR/Deeply Sleeping Pharaoh/"，设置字体为"中等+century gothic"，字号为"10点"，填充色为纸色。

图6-41

13 调整页面8和页面9的图片大小及位置，用【矩形工具】绘制矩形，填充色为（40，55，100，25），复制"文字内容.txt"中的"欧式大厅"，设置字体为"中等+century gothic"，字号为"10点"，填充色为纸色。

图6-42

14 调整页面10和页面11的图片大小及位置，复制"文字内容.txt"中的"欧式大厅"后两段文字，设置字体为"中等+century gothic"，字号为"8点"，填充色为黑色。

图6-43

小提示 制作知识 等比例缩放图片和裁图

在调整图片大小时，先按住 Ctrl+Shift 组合键拖曳图片（等比例缩放图片）。不能随意拖拉图片，容易使图片变形），将图片放大到适合大小，然后按照版面位置，用【选择工具】拖曳角点，遮挡图片的多余部分。若显示的部分不满意，可以用【直接选择工具】调整图片在框内的显示部分，方法是将光标放在图片上，当光标变为" "时，移动图片即可，如图 6-43 所示。

图6-44

15 调整页面12和页面13的图片大小及位置，用【矩形工具】绘制矩形，填充色为（40，55，100，25），复制"文字内容.txt"中的"01-LUXOR/Deeply Sleeping Pharaoh/"，设置字体为"中等+century gothic"，字号为"10点"，填充色为纸色。

图6-45

16 调整页面14和页面15的图片大小及位置。

小提示 制作知识 移动的技巧

　　选择一个对象，按住 Shift+ 键盘方向键，以光标键数值的 10 倍移动物体；按住 Ctrl+Shift+ 键盘方向键，以光标键数值的 1/10 移动对象。

↘ 3. 知识拓展

设计知识

色彩对图片的影响。

在设计画册时，每一个对页上所摆放的图片都是有考究的，尽量选择色彩相近的图片，这样使页面看起来整齐统一。若图片色彩各异，则会使页面显得杂乱无章，人们在视觉上也会感觉繁乱，如图 6-46 和图 6-47 所示。

图6-46

图片色彩统一

图6-47

图片色彩各异

制作知识

（1）置入图片的其他操作方法如图 6-48~ 图 6-51 所示。

通过 Bridge 窗口来浏览和寻找需要的图片，然后将图片拖曳到页面中完成置入操作。通过 Bridge 窗口可以查看、搜索、排序、管理和处理图像文件，还可以通过 Bridge 窗口来创建新文件夹、对文件进行重命名、移动和删除操作、编辑元数据、旋转图像以及运行批处理命令。

图6-48

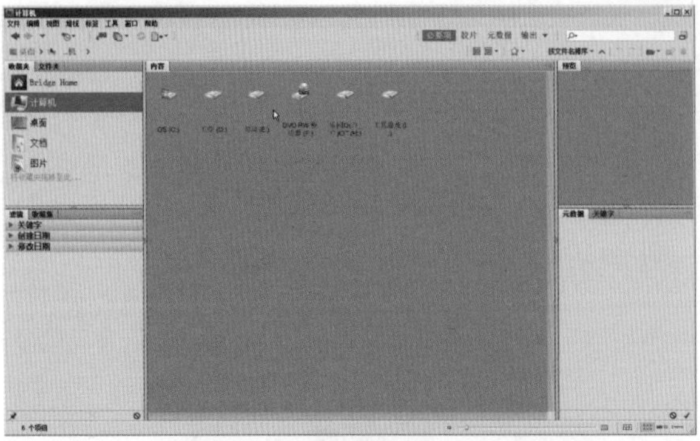

图6-49

01 单击控制面板右上角的【转到Bridge】按钮▣。

02 选择图片存放的路径。

图6-50

图6-51

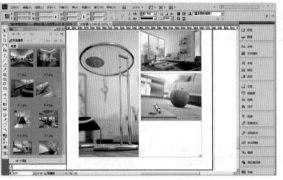

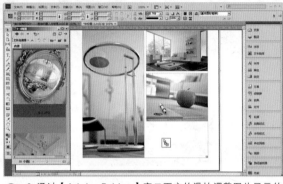

03 单击【Adobe Bridge】窗口右上角的【切换到紧凑模式】按钮▣，将【Adobe Bridge】窗口放到InDesign的左侧。

04 通过【Adobe Bridge】窗口下方的滑块调整图片显示的大小，然后选择一张图片并按住鼠标左键不放，将图片拖曳至InDesign的页面中即可。

（2）图片的规范管理。

图片的规范管理尤为重要，在排版上百或上千页的画册时可以体现出其重要性，如图6-52所示。

①规范命名。

本案例事先设计好哪张图片排在哪页哪个位置，按照图片所在页数和位置进行命名，例如第15页中有4张图片，图片D在最下方，可将其命名为15-4，这样可防止图片名重复，并且容易查找。如果客户在交给设计师原文件时，图片已有名称，则不必更改；如果客户交来的图片没有分类，并且多张图片名字相同，则需要设计师按照规范的、科学的方法为图片命名。

②妥善存放图片。

在开始动手之前，一定要勾画好文件的结构，例如在工作盘中新建文件夹，将其命名为项目名称，比如某公司的年鉴画册，在此文件夹下新建4个文件夹，文件夹的名称和作用如下。

"原始文件"文件夹，专门放置客户提供的文件，不得在该文件夹中进行任何操作，只能将文字或图片复制粘贴到其他文件夹中进行操作。"制作文件"文件夹，专门放置制作的InDesign文件和其链接的图片。"备份文件"文件夹，不同时期的备份文件，避免文件发生错误，造成损失。"杂物"文件夹，专门放置设计师自己搜集的素材，备用的素材，以及暂时不能删除的文件。

读者在存放图片时，一定要将用到的图片与InDesign文件存放在同一个文件夹中，这样才不容易丢失图片。我们所进行的置入操作只是将图片链接到InDesign文件中，图片还在外部而并不在InDesign文件内部，所以用到的图片不能删除，必须保留，而且必须与InDesign文件放在同一个文件下，不能将图片随处乱存乱放。

图6-52

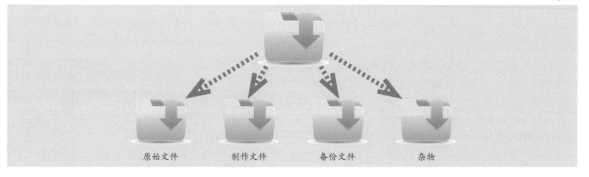

原始文件　　　制作文件　　　备份文件　　　杂物

（3）修复缺失链接，如图 6-53～ 图 6-56 所示。

在置入每张图片时，图片并没有复制到文档中，而是以链接的形式指向图片文件路径。由于图片都是存储在文档文件外部，因此使用链接可以最大程度减小文档容量。InDesign 将这些图片都显示在【链接】面板中，以便随时编辑和更新图片。需要注意的是，如果将 indd 文档复制到其他计算机上，则应确保同时附带链接图片的文件，这就需要在平时养成良好的习惯，将链接图片统一存放在同一个文件夹下，这样可以避免丢失图片的情况发生。

图6-53

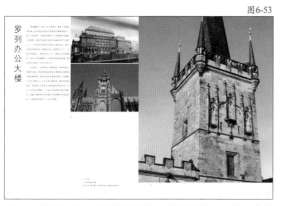

01 打开文件，弹出提示缺失链接的对话框，单击【确定】按钮。

图6-54

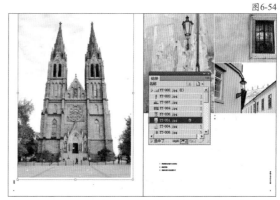

02 执行"窗口/链接"命令，在【链接】面板中找到带问号图标的图片，单击【转至链接】按钮，自动找到页面中的图片。

图6-55

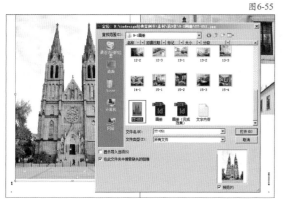

03 单击【重新链接】按钮，在【查找范围】中选择存放图片的路径。

图6-56

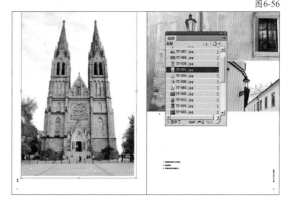

04 单击【打开】按钮，完成修复缺失链接的操作。

小提示　制作知识　为什么链接面板中有问号

　　当【链接】面板中出现"❓"时，表示图片不再位于置入时的位置，但仍存在于某个地方。如果将InDesign文档或图片的原始文件移动到其他文件夹，则会出现此情况。

图6-57

（4）检查图片分辨率和色彩空间。

　　符合印刷的图片要求分辨率为300 ppi，色彩空间为CMYK，下面检查画册中的图片是否符合印刷要求，如图6-57~图6-60所示。

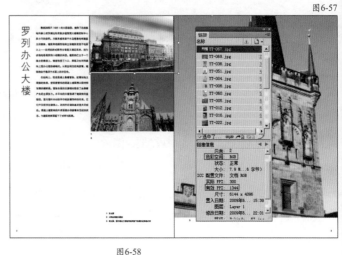

01 用【直接选择工具】选择页面2的第1张图片，单击【链接】面板左下角的三角按钮，查看图片的有效分辨率为1344，色彩空间为RGB。

图6-58

小提示　制作知识　实际PPI和有效PPI

　　实际PPI是指图片本身的分辨率。有效PPI是指图片经过缩放后的分辨率。

02 检查页面2的余下图片，结果是分辨率都符合印刷要求，但色彩空间都为RGB。选择页面2中的一张图片，单击【编辑原稿】按钮打开Photoshop，执行"图像/模式/CMYK颜色"命令。

图6-59

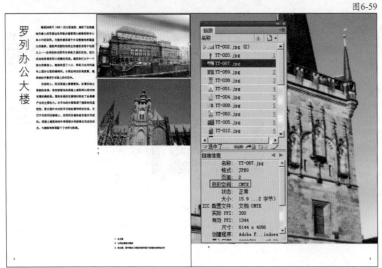

小提示　制作知识　链接面板中的感叹号

　　当【链接】面板中出现"⚠"时，表示图片已经修改，单击【更新链接】按钮即可。

03 保存在Photoshop中打开的图片，回到InDesign中，单击【更新链接】按钮。

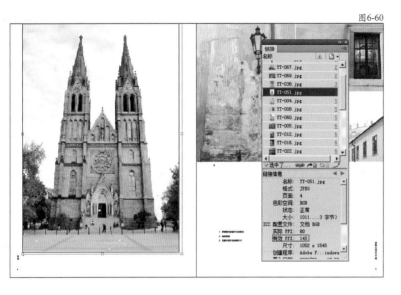

图6-60

04 检查页面4的第1张图片，图片的有效分辨率为145 ppi，不符合印刷要求，只能向客户要高分辨的图片或将图片缩小。

05 按照上述操作将剩下的图片检查完毕，将不符合印刷要求的色彩空间都改为CMYK，分辨率没有达到300 ppi的图片，通过与客户沟通进行解决。

4. 错误解析

移动图片

移动图片的常见错误及解决方法如图 6-61 和图 6-62 所示。

图6-61

使用【直接选择工具】移动图片，图片只能在框内移动。

图6-62

使用【选择工具】移动图片，可以使图片与框一起移动到适合的位置。

任务3 酒楼的菜谱设计

本任务主要是完成一个酒楼的菜谱设计。该餐厅主要以中餐为主，所以在设计时以花鸟图案为背景，主色调为棕色，以订口为中心轴进行装饰设计，然后向两边延伸。调整字体大小，突出每款菜肴的标价，图片摆放整齐与菜名介绍相对应，如图6-63所示。

图6-63

↘ 1. 移动并缩放对象

移动并缩放对象的方法如图6-64~图6-79所示。

图6-64

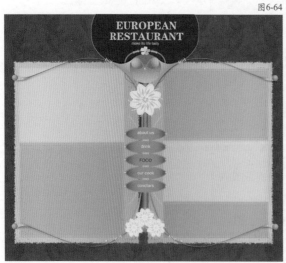

图6-65

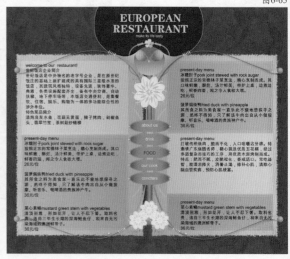

01 打开"光盘\素材\项目06\6-2酒楼菜谱\6-2酒楼菜谱.indd"文件。

02 置入"光盘\素材\项目06\6-2酒楼设计\菜谱内容.txt"到页面中，将由空行隔开的每组文字剪切粘贴为独立的文本框，并摆放在页面中。

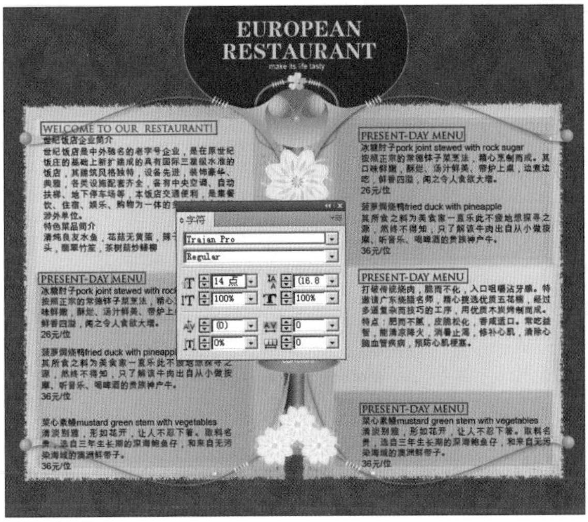

图6-66

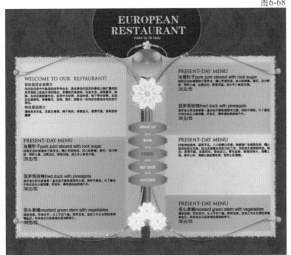

03 设置第1、2、5、7和8段文字的英文标题字体为"Trajan Pro",字号为"14点",第1段英文标题的填充色为(0,100,100,30)。

图6-67

04 设置两个简介标题的字体为"方正黑体_GBK",字号为"10点",填充色为(0,100,100,30),其内容的字体为"方正中等线_GBK",字号为"8点",段落样式设为"内容介绍"。

图6-68

05 将菜肴的介绍都应用"内容介绍"样式。

图6-69

06 用【文字工具】选择菜名的中文,设置字体为"方正中等线_GBK",字号为"12点",垂直缩放80%,字符样式设为"字符样式1"。

小提示 制作知识

若设置完嵌套样式之后,菜名的中文改变颜色,则需双击"字符样式1",将文字颜色改为黑色,描边色设为无。

图6-71

图6-70

07 选择菜名的英文,设置字体为"Arial",字号为"7点",填充色为(0,100,100,0),段后间距为"1毫米",段落样式名称设为"菜名",再设置嵌套样式,选择"字符样式1",字符设为半角空格。

08 在菜名的中文与英文之间按Ctrl+Shift+N组合键,插入半角空格,然后应用"菜名"段落样式。

图6-72

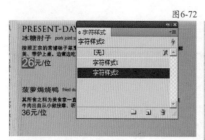

图6-73

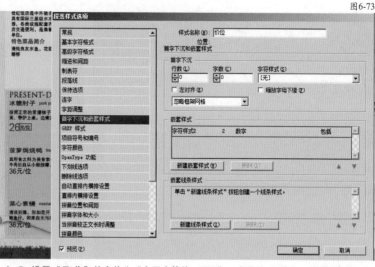

09 设置价位的嵌套样式。选择数字，设置字体为"Arial"，字号为"18点"，填充色为（0，100，100，0），设为"字符样式2"。

10 设置"元\位"的字体为"方正中等线_GBK"，字号为"8点"，段前间距为"1毫米"，段落样式名称设为"价位"，再设置嵌套样式。

图6-74

图6-75

11 将"价位"段落样式应用于菜谱中。

12 执行"文件/置入"命令，置入"光盘\素材\项目06\6-2酒楼菜谱\厨师.ai"至页面中。

图6-76

13 将光标移至图片右下角的锚点处，按住Ctrl+Shift组合键向中心方向拖曳鼠标，使图片等比例缩小。

图6-77

图6-78

14 将标题剪切粘贴成为独立的文本，摆放在中间，缩小酒店简介的文本框，摆放在图片的右侧，与图片底部对齐。

15 置入图片"1-1.jpg"，按照上述方法缩放图片及摆放的位置。

小提示 制作知识 缩放图片的技巧

置入的图片过大，可以在缩放百分比文本框中填入 50%，将图片等比例缩小些，然后再按住 Ctrl+Shift 组合键拖曳至合适大小。如果只等比例拖曳了框的大小而图片本身没有变化，可以按 Ctrl+Shift+Alt+C 组合键，按比例填充框架。

图6-79

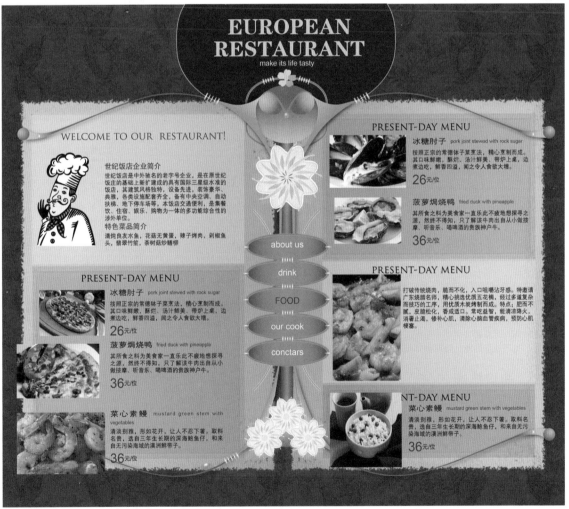

16 置入图片"1-2.jpg"、"1-3.jpg"、"2-1.jpg"、"2-2.jpg"、"2-3.jpg"和"2-4.jpg"至页面中，并将它们等比例缩小，摆放在菜肴介绍的旁边。

小提示 设计知识 菜谱设计中如何激起食客的食欲

用【选择工具】拖曳图片框以达到裁剪（遮挡）图片的效果，一方面是版面的需要，另一方面是为了突出图片的主体，即菜肴。在拍摄菜谱图片时，一般都放大主题，或是裁掉碗碟的局部，这样的菜谱图片更能激起食客的食欲。

2. 对齐并分布对象

对齐并分布对象的方法如图6-80~图6-83所示。

图6-80

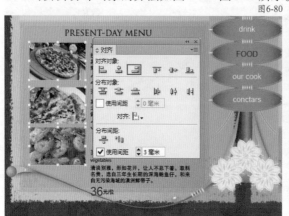

图6-81

01 用【选择工具】连续选择左页面的3张图片，单击【对齐】面板的【右对齐】按钮，将光标移至第2张图片的左下角，按照Ctrl+Shift组合键向中心方向拖曳，使它与第1张图片的宽度相等，用相同的操作调整第3张图片。

02 单击【对齐】面板的【垂直居中分布】按钮，使图片之间的间距相等。

图6-82

EUROPEAN RESTAURANT

图6-83

03 右页中图片的调整方法与左页相同，图片都与第1张图片对齐，选择图片"2-3.jpg"，将光标放置在图片上方的中间锚点处并向下拖曳，裁剪部分图片，图片"2-4.jpg"也按此方法调整。

04 用【选择工具】移动各文本框的位置，使文本框都与图片顶部对齐，各文本框之间的宽度都与第1个相等。

3. 知识拓展

设计知识

为设计服务的旋转页面（InDesign CS6功能）。

旋转页面并不是真地改变页面的方向，仅是在设计过程中，为了方便观察横向的图片和文字而暂时改变了视图的方向。执行"视图/旋转跨页/顺时针90°"命令，调整文字和图片的位置，最后再将视图恢复为正常，如图 6-84~ 图6-87 所示。

图6-84

图6-85

图6-86

图6-87

4.　错误解析

嵌套样式中的颜色问题

在设置嵌套样式时，颜色设置的常见问题及解决方法如图 6-88 和图 6-89 所示。

图6-88

图6-89

❌ 在设置嵌套样式的过程中，先将字符样式设置好，并使用了红色，在应用过程中，价位数字的颜色却没有发生改变。

✔ 在价位数字的颜色没有发生改变的情况下，可以再对【字符样式】进行设置，将字符的颜色改为红色即可。

根据提供的素材完成以下作业。

作业要求

设计要求：突出图片的表现力，尽可能用大图进行展示。

制作要求：控制好标题和正文的间距。

印刷要求：图片的尺寸和分辨率符合印刷要求。

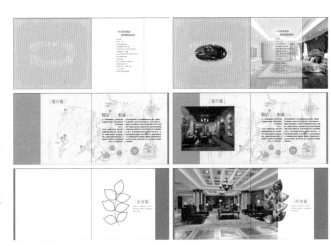

课后训练

- InDesign 的表格功能。
- 表格制作规范。
- 表格的组成。
- 收集不同出版物中的表格，分析商业表格的特点。

销 售 单

NO:

付款单位			
付款金额		付款时间	
发票抬头		展商编号	
收款单位	参展费用总额		
	代收费用总额		
应收费用总额	（大写）		（￥ ）

第一联 存根

制单： 　　　　　　　　　　　　　　　年 月 日

项目07

商业表格的制作——编辑处理表格

设计要点

表格可以方便读者浏览和对比数据。在设计表格时应注意表格的结构
简单明了，表格的文字内容应短小简洁。表格中的术语、数字和简称
应上下或左右统一，表达一致，避免让读者理解错误。

技术要点

◎ 了解表格的组成结构。
◎ 掌握新建和调整表格的方法。

课时安排

任务1. 学习表格的基础知识　　　　　　1课时
任务2 销售单的制作　　　　　　　　　1课时

任务1 学习表格的基础知识

本任务主要讲解表格的基础知识，其中包括表格的类型、表格的组成成分、其他软件表格的编辑处理。

1. 表格的类型

表格可分为挂线表、无线表以及卡线表3大类。

挂线表用于表现系统结构等，在科技书中往往归在插图系列中，编号或不编号随文出现。挂线表每一层中的各项必须是同类型的并列项，如图7-1所示。

图7-1

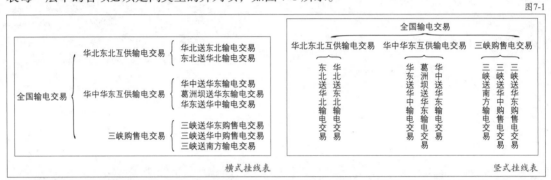

横式挂线表　　　　　　　　　　　竖式挂线表

不用线而以空间隔开的表格称为无线表，如药品配方表、食品成分表、设备配置单、技术参数列表等。往往不归入表系列编号而随文出现，如图7-2所示。

图7-2

试剂	剂量	产品成分	1 L中含量	主要配置	规格
$KHSO_4$	0.3 mol/L	可溶性固形物	≤ 24 g	CPU	Pentium-M
K_2SO_4	0.6 mol/L	碳水化合物	≤ 26 g	内存	2 g
H_2SO_4	0.2 mol/L	维生素B	≤ 28 g	硬盘	120 g

药物配方表　　　　　　　　　　食品成分表　　　　　　　　设备配置单

用线作为行线和列线而排成的表格称为卡线表，也称横直线表，是科技书刊中使用最为广泛的一种表，它由表题、纵横表头、表身和表注构成，有完全表、不完全表。不完全表是完全表省略了左右墙线后的表，它只保留了顶线、底线和表头底线，通常也称为三线表，如图7-3所示。

图7-3

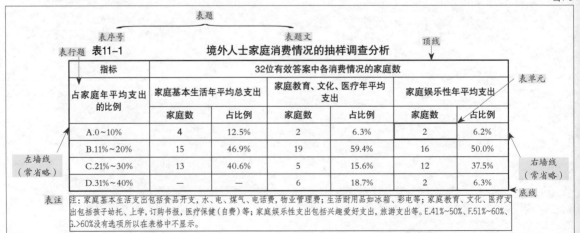

2. 表格的组成成分

普通表格一般可分为表题、表头、表身和表注 4 个部分。

表题由表序号和表题文组成。表题放在表的正上方。表序号一般采用（分篇）分章编号的形式，即"（篇序 -）章序 - 表序"或"（篇序·）章序· 表序"，表序号有时也可以全书从头至尾统编序号。表题文必须准确地反映表中内容。表序号与表题文之间空一格。一般采用与正文同字号或小 1 个字号的黑体字排版。

表头分为横表头和纵表头，横表头是表格中除纵表头外的各栏项目名的总称，一般形式为"项目名称 / 单位"。如横表头各栏项目的计量单位相同时，要将相同计量单位提出置于表题行右端。表格的最左边一栏是纵表头，纵表头各行的项目一般是同一类型的并列项，排版时采用左对齐，表头文字一般比正文小 1~2 个字号，如图 7-4 所示。

图7-4

纵表头	表11–2	全国各地水果产量	横表头	（单位：kg）
		苹果	哈密瓜	西瓜
广西		13 456	23 455	3 678
广东		2 335	3 456	768
山西		4 567	6 467	4 567

表身是表格的内容与主体，由若干行、列组成，列的内容有项目栏、数据栏及备注栏等，各栏中的文字要求采用比正文小 1~2 个字号的文字排版。

表注是对表格某个或某几个项目做补充说明或解释的简明文字，要求采用比表格内容小 1 个字号的文字排版。

3. 其他软件表格的编辑处理

—— 编辑 Word 表格 ——

编辑 Word 表格的方法如图 7-5~图 7-14 所示。

图7-5

图7-6

01 打开"光盘\素材\项目07\7-3表格.indd"文件。

02 执行"编辑/首选项/剪贴板处理"命令，选中"所有信息（索引标志符、色板、样式等）"单选按钮，使置入的表格带有原来的属性，置入"光盘\素材\项目07\word表格2.doc"至页面2中。

图7-7

图7-8

03 将文字光标放置在表格底线的位置，当光标变为"↕"时，按住Shift键，向下拖曳鼠标，将表格拉至下边距处。

04 将文字光标放置在表格的右墙线上，当光标变为"↔"时，按住Shift键，向右拖曳鼠标，将表格拉至右边距处。

图7-9

图7-10

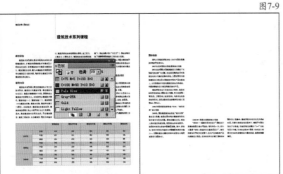

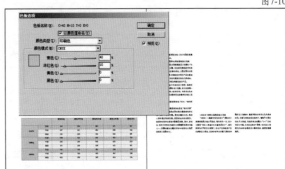

05 打开【色板】面板，颜色列表中有4个RGB颜色，均为置入Word表格所带来的颜色。

06 双击面板中的"Pale Blue"颜色，选中"以颜色值命名"复选框，设置【颜色模式】为"CMYK"，颜色值为（40，10，0，0）。

图7-11

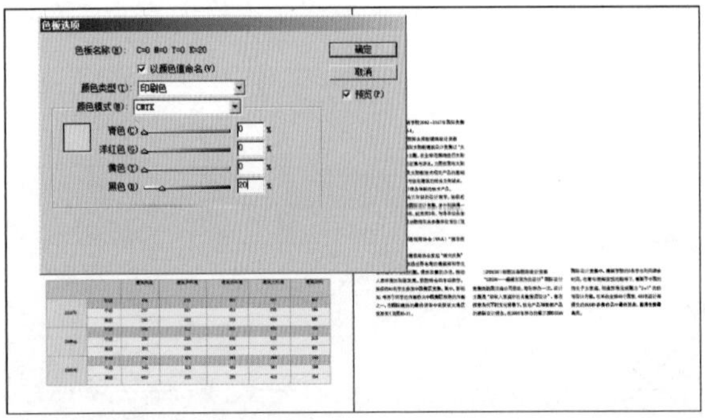

图7-12

07 双击"Gray-25%"颜色，选中"以颜色值命名"复选框，设置【颜色模式】为"CMYK"，颜色值为（0，0，0，20）。

08 双击"Gold"颜色，选择"以颜色值命名"复选框，设置【颜色模式】为"CMYK"，颜色值为（0，20，85，0）。

图7-13

图7-14

09 双击"Light Yellow"颜色，选择"以颜色值命名"复选框，设置【颜色模式】为"CMYK"，颜色值为（0，0，50，0）。

10 选择表格全部内容，设置字体为"方正中等线_GBK"，字号为"10点"，设置文字居中对齐和表格居中对齐。

编辑 Excel 表格

编辑 Excel 表格的方法如图 7-15~图 7-20 所示。

图7-15

图7-16

01 置入"光盘\素材\项目07\exocl表格1"至页面3中。

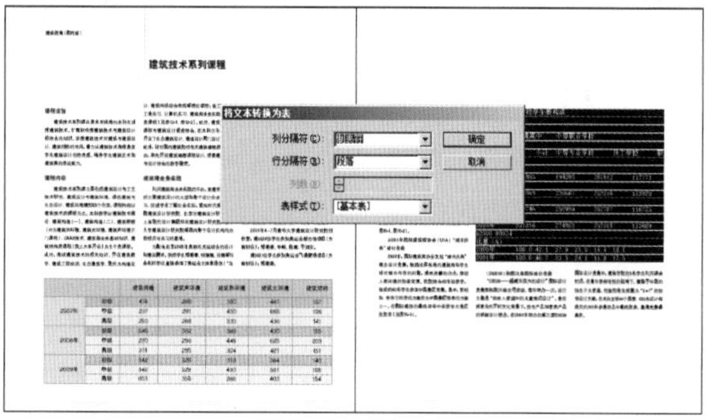

02 全选文字内容，执行"表/将义本转换为表"命令，设置【列分隔符】为"制表符"，【行分隔符】为"段落"。

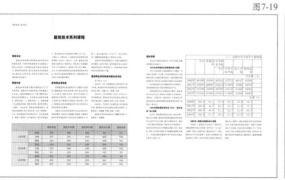

图7-17

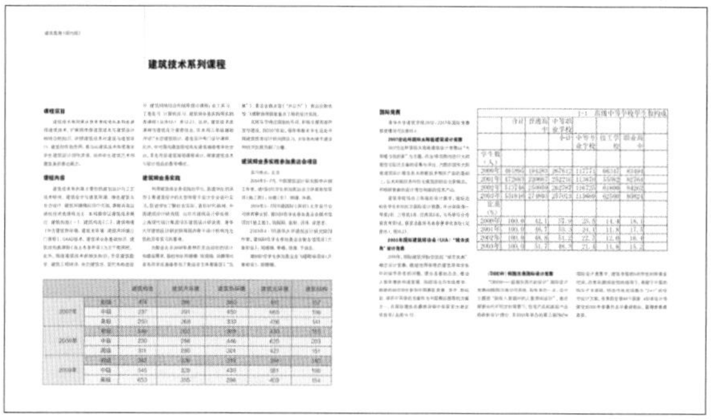

图7-18

03 合并第一行的单元格，选择第2行，右击，选择"删除/行"。

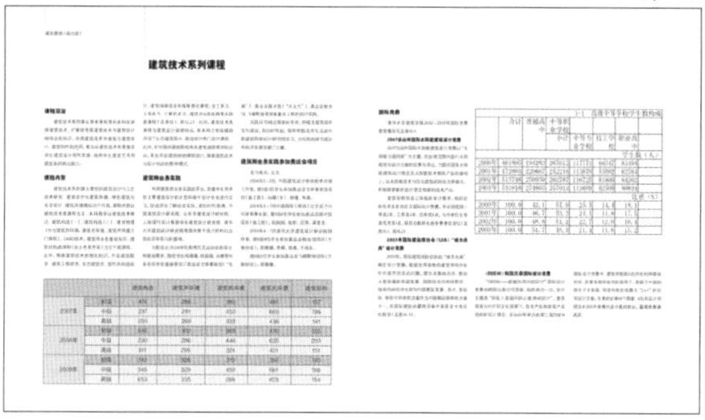

04 合并第2行和第3行前3个单元格，第4行和第9行的单元格。

图7-19

图7-20

05 将文字光标放置在表格底线的位置，当光标变为"↕"时，按住Shift键，向下拖曳鼠标。

06 选择表格全部内容，设置字体为"方正中等线_GBK"，字号为"10点"，设置文字居中对齐和表格居中对齐，表格的行线、列线和表外框线的粗细均为"0.25点"。

任务2 销售单的制作

本任务主要是完成一个销售单的制作。通过使用新建表格，合并拆分单元格等操作，掌握表格的基本设置方法，如图7-21所示。

图7-21

↘ 1. 新建表格

新建表格的方法如图7-22~图7-24所示。

图7-22

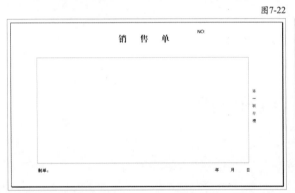

01 打开"光盘\素材\项目07\7-1销售单.indd"文件。

图7-23

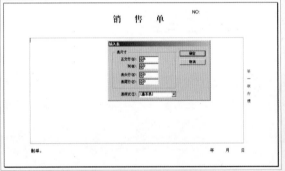

02 按照版心大小，用【文字工具】拖曳一个文本框。执行"表格/插入表"命令，设置【正文行】为"6"，【列】为"2"。

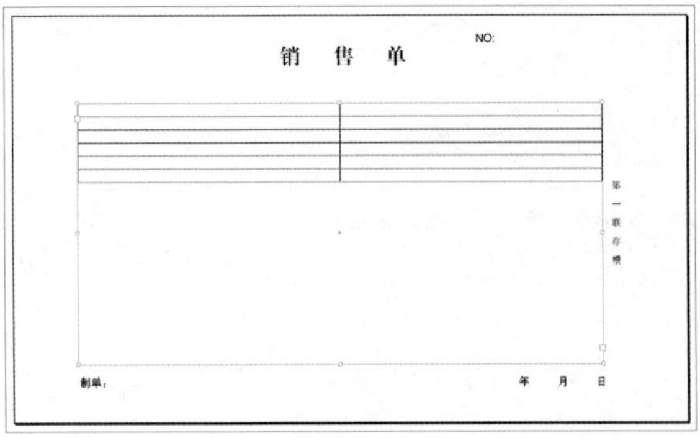

小提示 制作知识 文本框是表格的前提

在InDesign中，需要先拖曳一个文本框才能插入表格。

图7-24

03 单击【确定】按钮，完成表格的新建操作。

2. 单元格的设置

单元格的设置方法如图 7-25~ 图 7-39 所示。

图7-25

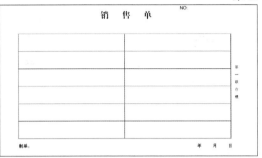

01 将文字光标放置在表格底线的位置，当光标变为"↕"时，按住Shift键，向下拖曳鼠标，将表格拉至与版心相同的高度。

图7-26

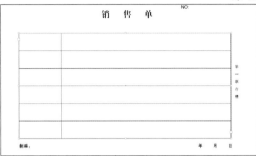

02 将文字光标放置在表格中间的列线，当光标变为"↔"时，按住Shift键，向左拖曳鼠标，调整列的宽度。

图7-27

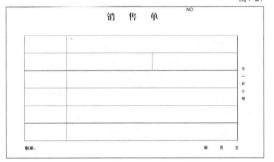

03 将文字光标插入第2行第2列中，按Esc键选择单元格，右击，选择垂直拆分单元格。

图7-28

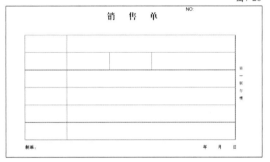

04 垂直拆分第2行第2个单元格。

图7-29

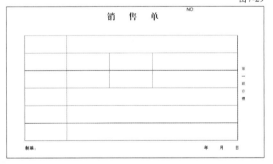

05 按照上述方法拆分第3行第2个单元格。

图7-30

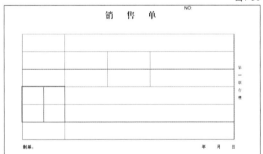

06 选择第1列第4和第5单元格，右击，选择合并单元格。

图7-31

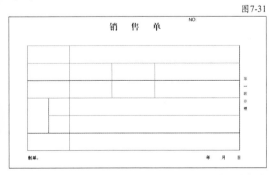

07 选择第4行和第5行的第1个单元格，右击，选择合并单元格。

图7-32

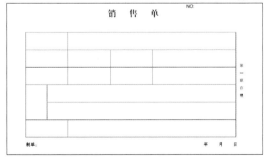

08 选择第4行第2和第3单元格进行合并，选择第5行第2和第3单元格进行合并。

图7-33

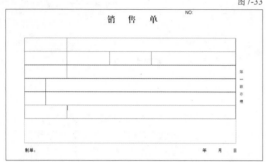

09 将文字光标放置在表格底线的位置，当光标变为"‡"时，按住Shift键，向上拖曳鼠标。

小提示 制作知识 为什么表格中会有红色加号

在调整单元格时，文本框右下角出现红色（+）号，表示单元格容纳不下此时的表格，将文本框拉大即可。

图7-35

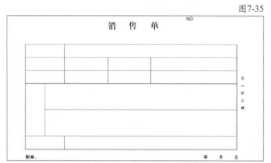

11 单击【确定】按钮，完成表格的调整。

图7-37

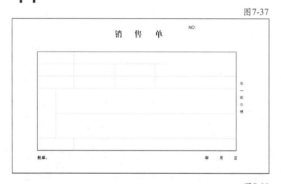

14 将文字光标放置在第2条列线上，按住Shift键向右拖曳鼠标，然后再调整第3条列线，使这个单元格的宽度与第1个单元格的宽度大概相等。

图7-34

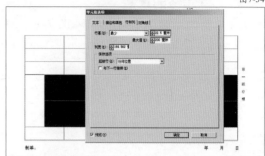

10 选择第4行和第5行的第2个单元格，执行"表/单元格选项/行和列"命令，选中【预览】复选框，在【行高】微调框中输入数值，调整这两行的高度，使表格正好与版心高度相等。

图7-36

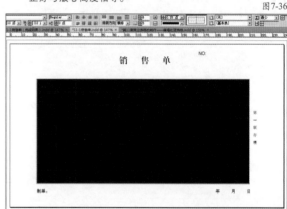

12 用【文字工具】选择整个表格，在单元格描边缩略图中单击四周的描边线，只保留中间，在描边文本框中输入"0.25点"。

13 在单元格描边缩略图中单击四周的描边线，使其显示为蓝色线，单击中间的横线和竖线使其变灰，在描边文本框中输入"1点"。

图7-39

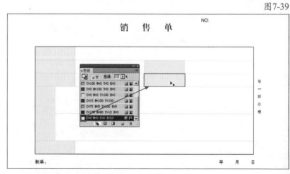

15 打开【色板】面板，将颜色（0，0，0，10）拖曳至指定的单元格中。

↘ 3.　设置文字内容属性

设置文字内容属性的方法如图7-40~图7-42所示。

图7-40

图7-41

01 输入文字内容，设置字体为"方正中等线_GBK"，字号为"11点"。

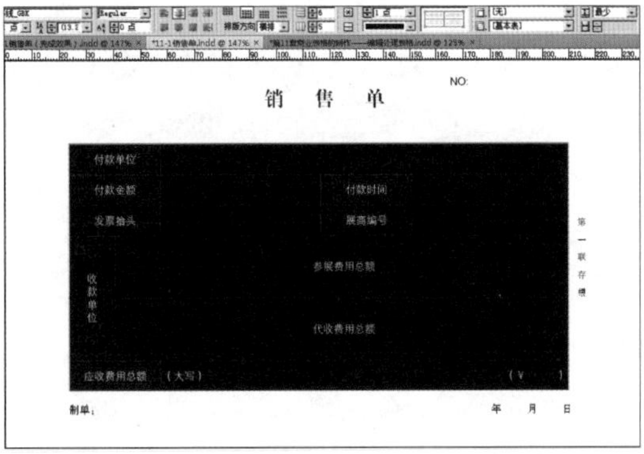

02 用【文字工具】全选表格内容，单击控制面板上的文字【居中对齐】按钮和表格【居中对齐】按钮。

图7-42

03 选择"参展费用总额"和"代收费用总额"两个单元格，单击文字的【左对齐】按钮和表格的【上对齐】按钮。

任务3 作业

根据提供的素材完成以下作业。

作业要求

○ 设计要求：表格的配色要和整体版面统一，重点信息要突出。

○ 制作要求：对应的信息要对齐。

○ 印刷要求：表格的线不能过细，以免印刷时出现断线情况。

课后训练

○ 版面的基本构成。

○ 图书的基本构成。

○ 杂志的基本构成。

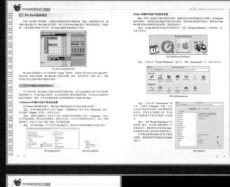

第2章 Pro Tools快速上手

本章内容包括：

项目08

出版物的版式设计——版式的构造与融合

设计要点

◎ 关于图书设计。图书设计比较严谨，页眉、页脚、标题和标注等都要按系统规定来设置和摆放。首先要了解常见成书的组成部分，包括封面、扉页、正文和辅文等。正文是书的主要组成部分，在设计时，各级标题要体现出层级关系，页眉和页脚用色不宜喧宾夺主，图文混排多采用斥文嵌入和串文旁置的方法。

◎ 关于杂志设计。杂志与图书设计不同，时尚杂志需要在页面中塞入大量的信息和图片，版式灵活多变，颜色大胆前卫，以求吸引读者的目光。经管类杂志的设计要领是：选择图片要大气，用字和留白要得当，用色要庄重，内文疏而不密，标题有层次感，图片少用特效，可以适时抠去路径做造型图片。

技术要点

◎ 了解常见成书的组成、图书出版的流程，以及改校时需要核心检查的地方。掌握图书设计时必须用到的各项功能，包括主页、样式、文本绕排等。

◎ 掌握利用图层分类管理页面元素的方法，通过使用文本绕排，让图文混排更自然。通过书籍分工协作，减少时间，提高效率。

课时安排

任务1　学习页面的基础操作

本任务主要是学习页面的基础知识，包括新建页面、选择和调整页面、主页的设置和应用等。方便快捷的多页面处理功能是InDesign区别于Photoshop、Illustrator等图形图像软件的特色功能之一，熟练掌握页面的操作可以极大地提高工作效率。

↘ 1. 新建页面

新建页面的方法如图 8-1~ 图 8-6 所示。

图8-1

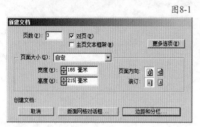

01 执行"文件/新建/文档"命令，设置【页数】为"3"，【宽度】为"165毫米"，【高度】为"215毫米"。

图8-2

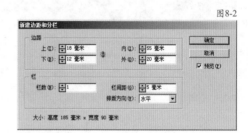

02 单击【边距和分栏】按钮，设置【上】为"18毫米"，【下】为"12毫米"，【内】为"55毫米"，【外】为"20毫米"。

图8-3

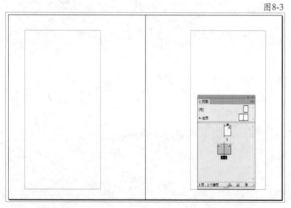

03 单击【确定】按钮，完成新建文档的操作。

图8-4

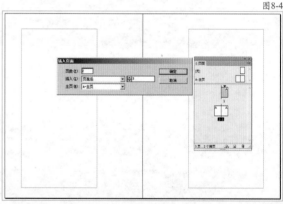

04 单击【页面】面板右侧的三角按钮，选择插入页面，设置【页数】为"2"，插入的页面位置为第3页。

图8-5

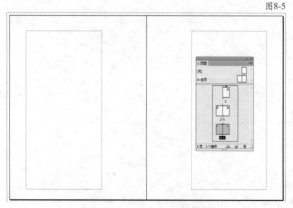

05 单击【确定】按钮，完成插入页面的操作。

图8-6

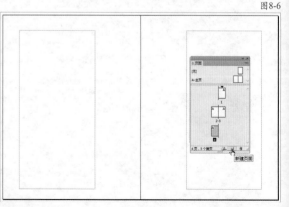

06 单击【创建新页面】按钮，可以插入一个单独的页面。

↘ 2.　选择与调整页面

── 选择页面和跨页 ──

在执行选择页面或跨页的操作前，首先要明白什么是页面、什么是跨页，然后再根据自己的需要对页面进行操作，如图 8-7~ 图 8-9 所示。

图8-7

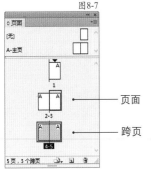

图8-8

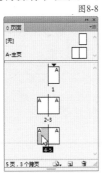

图8-9

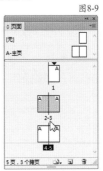

01 【页面】面板中的一个矩形框为一个页面，并列显示的两个页面为一个跨页。

02 在任意一个页面上单击即可选中该页面，双击即可切换到该页面的视图。

03 单击数字2-3即可选中 2-3 这个跨页，双击即可切换到该跨页的视图。

── 复制页面和删除页面 ──

复制页面和删除页面的方法如图 8-10 和图 8-11 所示。

图8-10

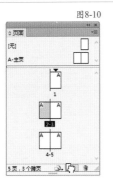

图8-11

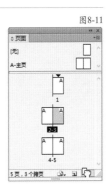

01 选择一个页面，然后将其拖曳至【页面】面板右下角的【创建新页面】按钮即可将该页面复制。

02 选择一个页面，然后将其拖曳至【页面】面板右下角的【删除选中页面】按钮即可将该页面删除。

── 创建和应用主页 ──

创建和应用页面的方法如图 8-12~ 图 8-14 所示。

图8-12

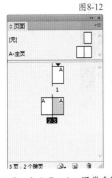

图8-13

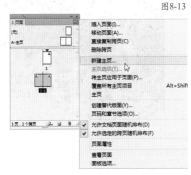

图8-14

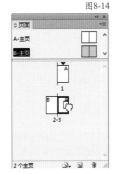

01 InDesign通常会默认有一个A-主页，并且所有的页面会默认应用A-主页。

02 单击页面右侧的三角形按钮，在弹出的菜单中选择"新建主页"。

03 在弹出的对话框中直接单击【确定】按钮即可新建B-主页，将B-主页直接拖曳至一个页面即可将B-主页应用于该页面。

小提示　制作知识

如果一个页面上显示 A，表示该页面应用了 A- 主页；如果一个页面上显示 B，表示该页面应用了 B- 主页。

任务2 计算机类图书设计

　　本任务主要是完成一个计算机类图书的设计。该图书的内容与音乐有关，所以在设计版式时，紧扣音乐这个主题，采用大量的音乐元素，页面的外侧使用钢琴琴键作为修饰，页眉和页脚都应用了相应的音乐小图标作为点缀，如图8-15和图8-16所示。通过排入图文、设计和应用样式、库的使用、快捷的操作方法来完成图书的制作。排版计算机图书多是重复性的操作，十分枯燥，也容易出现很多错误，因此，我们要规范、仔细地操作。

图8-15

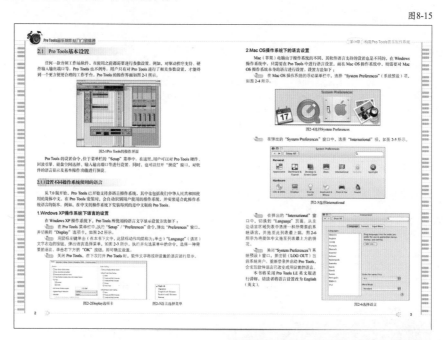

图8-16

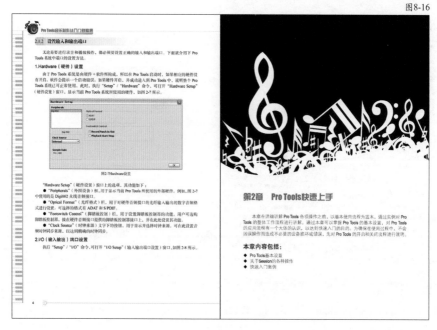

↘ 1. 前期准备

前期准备如图8-17~图8-21所示。

图8-17

图8-18

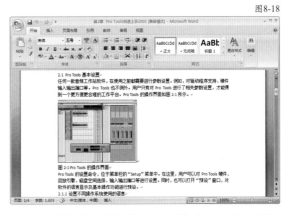

01 在本地硬盘中新建一个文件夹，将其命名为"图书练习"，在此文件夹下再新建一个文件夹，将其命名为"制作文件"，将"光盘\素材\项目08\8-2\8-2计算机图书.indd"文件复制至此文件夹中，并打开该文件。

02 打开"光盘\素材\项目08\8-2\第2章 Pro Tools快速上手2003.doc"。

图8-19

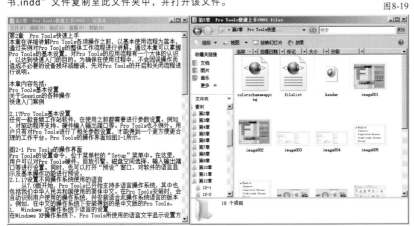

小提示 制作知识

此步骤是为了提取 Word 中的图片和文字，也可以将 Word 文档导出为 PDF，再从 PDF 中导出图片，而将 Word 另存为网页格式，导出的每张图片各自有两张，还需要进行挑选，而从 PDF 中提取图片则不必再挑选。另存为纯文本格式则是为了方便去除掉 Word 中的样式。

03 将 Word 文档另存为网页格式，保存路径为"本地硬盘\'图书练习'"文件夹中，再将文档另存为纯文本格式，保存路径相同。

图8-20

图8-21

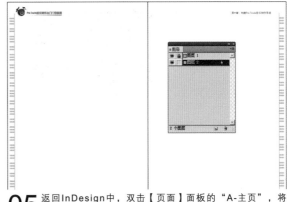

04 挑选提取的图片，若两张图片相同，选择png格式的；若两张图片都是jpg格式的，则需浏览两张图片，选择比较清晰的那张，然后将挑选的图片放在"制作文件"下。

05 返回InDesign中，双击【页面】面板的"A-主页"，将"A-主页"转到视图中，打开【图层】面板，单击【创建新图层】按钮，将图层2置于图层1下方，并锁定图层1。

小提示 制作知识

图层1中放置了主页的元素，将其置于前面，主要是为了排版图文时不会遮盖住主页元素，将其锁定是避免误操作主页中的元素。新建的图层2主要放置正文和图片。

↘ 2. 库的使用

库的使用如图8-22~图8-24所示。

图8-22

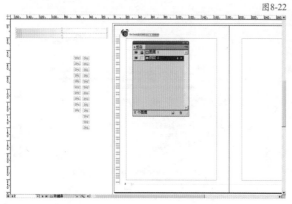

图8-23

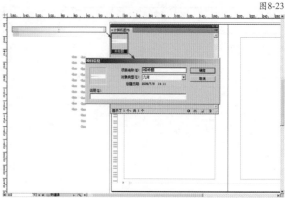

01 双击【页面】面板的页面2，将页面2转到视图中，单击【图层】面板中图层1的【切换锁定】图标，全选页面2外侧准备好的图形，然后将图层1的钢笔工具图标旁的下方格曳至图层2，将图形放在图层2，再将图层1锁定。

02 执行"文件/新建/库"命令，将新建的库命名为"计算机图书"，保存在"制作文件"下，单击【保存】按钮，然后将第1个图形拖入"计算机图书"面板中，双击"未标题"，设置【项目名称】为"2级标题"。

图8-24

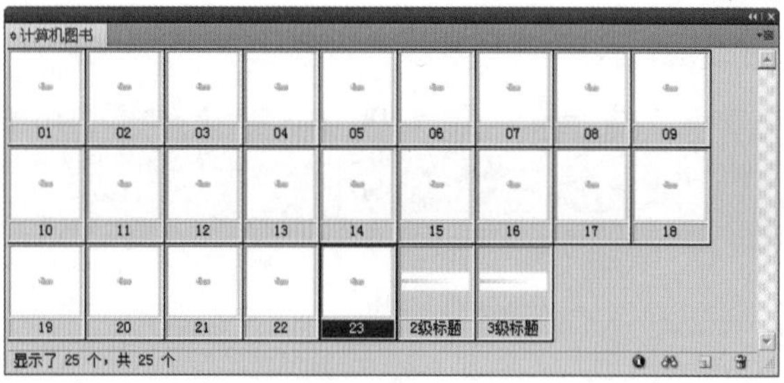

小提示 制作知识 库的作用

库相当于一个仓库，可以存放经常使用到的图形、文字和页面，便于制作文件时调用。

03 拖入第2个图形至"计算机图书"面板中，设置【项目名称】为"3级标题"，然后将步骤图标按照序号依次拖入面板中，名称为01、02、03……

↘ 3. 排版设计图文

排版设计图文的方法如图8-25~图8-44所示。

图8-25

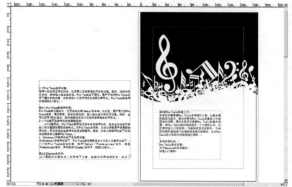

图8-26

01 双击【页面】面板的页面1，将页面1转到视图中，分别置入"章首页.ai"和"第2章 Pro Tools快速上手2003.txt"，执行"文字/显示隐含字符"命令。

02 剪切并粘贴1级标题及其内容和本章内容至页面中，删除多余的空格。

小提示 制作知识

在设计制作大多数印刷品时都需要设置复合字体和样式，图书排版也不例外，本例的各级标题、正文、步骤和图号都设置了复合字体和样式。复合字体的命名都采用了中文＋英文，例如"方正综艺＋impact"，而汉字、标题和符号的字体采用"方正综艺_GBK"，罗马和数字采用Impact。建议复合字体不要用"正文"、"标题"等命名，容易和段落样式混淆。

图8-27　　　　　　　　　图8-28　　　　　　　　　图8-29

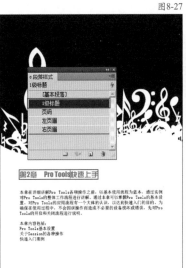

03 选择1级标题，设置字体为"方正综艺+impact"，字号为"20点"，段前间距为"10毫米"，黑色，色调为70%，在"第2章"后面插入光标，按Ctrl+Shift+M组合键，插入全角空格，新建段落样式，将其命名为"1级标题"。

04 选择1级标题下的内容，设置字体为"方正细等+arial narrow"，字号为"11点"，行距为"14点"，标点挤压为空格，新建段落样式，命名为"章首页-内容"。

05 选择"本章内容包括："，设置字体为"方正黑体_GBK"，字号为"15点"，段后间距为"2毫米"，新建段落样式，命名为"章首页-本章内容包括"。

图8-30　　　　　　　　　　　　　　　　　　　　　　　　　图8-31

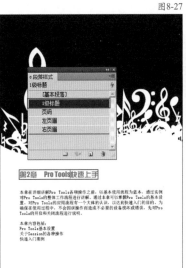

06 选择"本章内容包括："下方的文字内容，设置字体为"方正细等+arial narrow"，字号为"11点"，行距为"14点"，项目符号为"菱形"，位置为"6毫米"，左对齐，新建段落样式，命名为"章首页-项目符号内容"。

07 将文字内容放在页面2，删除多余的回车、空格和问号字符。选择2级标题，设置字体为"方正小标宋+罗马"，字号为"13点"，段前间距为"5毫米"，段后间距为"5毫米"，在"2.1"后方插入全角空格，新建段落样式，命名为"2级标题"，在"计算机图书"面板中拖曳出2级标题使用的图形，按Ctrl+【组合键将其置于文字下方。

图8-32

08 选择2级标题下方的文字内容，设置字体为"方正书宋+罗马"，字号为"10点"，行距为"14点"，标点挤压为空格，新建段落样式，命名为"正文"。

图8-33

小提示 制作知识

本例的正文内容都采用串接文本的形式。

09 选择"图2-1Pro Tools的操作界面"，设置字体为"方正书宋+罗马"，字号为"9点"，新建段落样式，命名为"图号"，将文本框拉至图号的位置。

图8-34

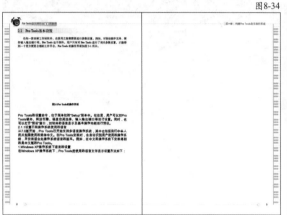

图8-35

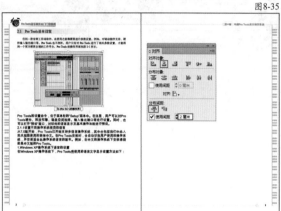

10 单击文本框右下角的红色（+）号，在页面2下方单击，将余下的文字摆放在后面，剪切并粘贴"图2-1Pro Tools的操作界面"。

11 置入图片"image001.png"至页面2中，设置缩放百分比为"50%"，然后再等比例缩小图片，选择图片和图号，设置垂直居中对齐，使用分布间距对齐，设置【使用间距】为"2毫米"，单击【垂直分布间距】按钮。

图8-36

12 选择图号下方的内容，应用正文样式，选择3级标题，设置字体为"方正小标宋+罗马"，字号为"11点"，段前间距为"5毫米"，段后间距为"5毫米"，新建段落样式，命名为"3级标题"，在"计算机图书"面板中拖曳出3级标题使用的图形，按Ctrl+【组合键将其置于文字下方，3级标题下方的内容应用正文样式。

图8-37

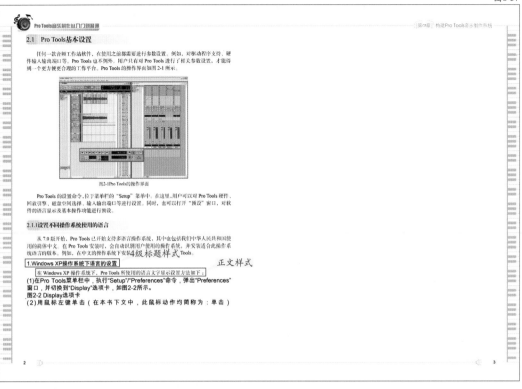

13 选择"1.Windows XP操作系统下语言的设置"，设置字体为"方正黑体+arial"，字号为"11点"，段前间距为"2毫米"，段后间距为"2毫米"，为其下方的一段文字应用正文样式。

图8-38　　　　　　　　　　　　　　　　　　　　图8-39

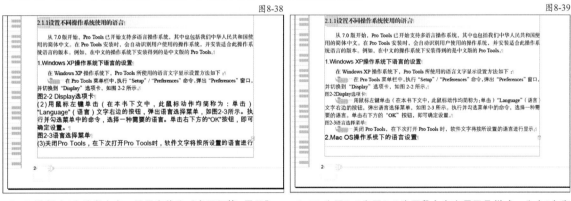

14 选择（1）这段文字，设置字体为"方正细等+罗马"，字号为"10点"，行距为"14点"，标点挤压为空格，新建段落样式，命名为"步骤"，将（1）删除，拖入"01"步骤图标，然后剪切，在"Pro Tools菜单栏中"前面插入文字光标，粘贴步骤图标到文本框中，并插入一个全角字符。

15 为图2-2和图2-3这两段文字应用图号样式，为（2）和（3）的内容应用步骤样式，并插入相应的步骤图标。

图8-40

小提示　制作知识

剪切粘贴出来的文本都需要单击【框架适合内容】按钮，便于对象对齐。

16 将图2-2和图2-3分别剪切粘贴出来，并将文中多余的回车符号删除，将页面2后的文字放在页面3中。

图8-41

17 置入图片"image003.png"至页面2中，设置缩放百分比为40%，选择图片和图号，设置垂直居中对齐和垂直分布间距对齐，然后编组。置入图片"image005.png"至页面2中，设置缩放百分比为"40%"，选择图片和图号，设置垂直居中对齐和垂直分布间距对齐，然后编组。

图8-42

18 等比例缩小图片"image001.png"，使图片"image003.png"和图片"image005.png"能够放在版心内，然后调整图片"image001.png"和图号之间的距离，调整整个版面的文字与图片之间的距离。

图8-43

19 按照页面2的方法对页面3进行排版。

图8-44

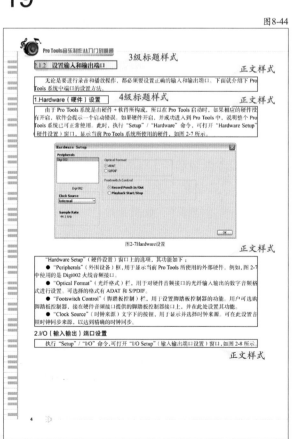

小提示　制作知识

建议使用缩放百分比来设置计算机图书的图片缩放，用数据来控制图片大小比较严谨，能使图片里的文字统一大小。图片中的文字必须使用比正文更小的字号，一般缩放比例在50%左右，根据图片本身大小和版面要求再自行调整。

20 将页面3中余下的文字排入页面4中，继续进行排版。

↘ 4. 知识拓展

设计知识

各种出版物常用的字体字号。

①**图书** 选择图书版面标题字大小的主要依据是标题的级别层次、版面开本的大小、文章篇幅长短和出版物的类型及风格。图书排版的标题往往要分级处理，因此标题字一般要根据级别的划分来选择字号大小和字体变化。一级标题字号最大，然后依次递减排列，由大到小。正文一般用宋体类，如汉仪书宋一简等，字号设为 5 号（10.5p）或小五号（9p）。版面正文之间的行距应当选择适当，行距过大显得版面稀疏，行距过小则阅读困难。图书标题的字体一般不追求太多变化，多采用黑体、宋体、仿宋体和楷体等基本字体，不同级别标题用不同字体。

②**期刊杂志** 标题排版是期刊杂志版面修饰的主要手段。其字号普遍要比图书标题大，字体的选择多样，字号的变化修饰更为丰富。期刊杂志标题的排法要能够体现出出版物特色，与文章内容、栏目等内容风格相符。不同年龄层阅读的出版物字号大小也不一样，例如：老人由于视力不好，排版时一般设为五号（10.5p）、小四号（12p）；儿童出版物的文字不要过于密集、字号也应大些，一般设为五号（10.5p）、小四号（12p）；成年人的出版物一般设为小五号（9p）、六号（7.87p）。

③**报纸** 报纸标题用字非常讲究，标题字号大小要根据文章内容、版面位置、篇幅长短进行安排，字体上尽量追求多样化。字体要配齐全，否则不能满足编排报纸的需要。

④**公文** 公文的标题用字主要有两部分，文头字和正文标题字。文头就是文件的名称，多用较大的标题字，如标宋体、大黑体、美黑体或手写体字；正文大标题多采用二号标题宋体或黑体，小标题采用三号黑体或标题宋体。公文用字比较严谨，字体变化不多，但公文中的标题字体不要用一般的宋体，而应当使用标题宋体，如小标宋体，否则会使标题不突出，显得"题压不住文"。

制作知识

文本绕排。

在排版中经常会遇到图压文或文压图的情况，需要使用文本绕排将文字和图片组合在一起。在 InDesign 中，文本绕排有多种方式，可以是绕图形框排版，也可以是绕图片的剪切路径排版。要实现文本绕排，必须要把文本框设成可以绕排，否则任何绕排方式对文字都不起作用。

一般在默认情况下都可以进行文本绕排，如果不可以，则执行"对象 / 文本框架选项"命令，弹出【文本框架选项】对话框，取消选中左下角的【忽略文本绕排】复选框，如果选中此复选框就不能进行文本绕排了，如图 8-45~ 图 8-48 所示。

图8-45

图8-46

01 取消选中【忽略文本绕排】复选框。

02 没有文本绕排的效果。

图8-47

图8-48

03 选择图片,执行"窗口/文本绕排"命令,选择文本绕排方式为【沿定界框绕排】,设置上位移、左位移、右位移均为"3毫米",下位移为"2毫米"。

04 完成后的效果。

根据提供的素材完成以下作业。

作业要求

设计要求:从步骤中提取关键信息,作为步骤标题。控制好整个版面的色彩。

制作要求:规范使用段落样式,不要出现错排、漏排的现象。

印刷要求:注意靠近边缘图片的出血。

课后训练

去书店了解图书的目录。

去报刊亭了解杂志的目录。

对图书和杂志的目录特征进行总结。

Contents

项目09

出版物的索引——目录的处理

设计要点

目录主要有两个功能：一是向读者展示图书的结构，二是指导读者阅读。在设计目录时，首先要准确地列出每个部分的标题目录，然后针对图书风格进行设计。目录中的各级标题要通过字体、字号体现层级关系，还可以在目录中配上图书的核心图片，以此来吸引读者。

技术要点

◎ 目录样式的设定。
◎ 正确地为目录设置页码。

课时安排

任务1 学习目录的基础知识   1课时
任务2 期刊的目录设计   2课时
任务3 图书的目录设计   2课时

任务1 学习目录的基础知识

本任务主要讲解目录的基础知识，包括目录的作用、目录的组成以及创建目录的基本流程。

1. 目录的作用

目录主要有两个功能：一是向读者展示图书的结构，使读者对全书的内容有个整体的了解；二是指导读者阅读目录，通过目录，读者可以快速找到特定的内容进行阅读。

因此，目录设计的好坏会对读者是否购买本书有很大的影响，同时也会影响读者是否能够很方便地找到想要阅读的内容。

2. 目录的组成

目录主要包括两大部分，标题和页码。目录中的标题通常包括两级或三级，以便于读者查找。根据设计的需要，页码既可以放在标题之前，也可以放在标题之后，如图9-1所示。

图9-1

1级标题
2级标题
页码

3. 创建目录的基本流程

目录通常放在正文之前，但在实际的工作中，都是先完成正文的排版工作，再制作目录。这是因为，制作目录的前提是正文中的标题规范地应用了段落样式。创建目录的基本流程如右图所示：

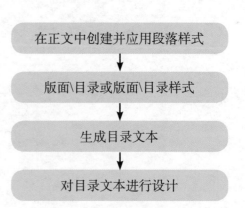

在正文中创建并应用段落样式

↓

版面\目录或版面\目录样式

↓

生成目录文本

↓

对目录文本进行设计

任务2 期刊的目录设计

本任务主要是完成一个期刊目录的设计。目录所用的颜色根据内文的主色调而变化。在制作目录之前，首先要规范地为各级标题运用段落样式，这样才能在设置中提取目录，如图 9-2 所示。

图9-2

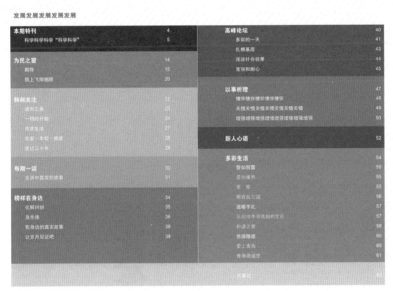

↘ 1. 新建无前导符的目录

新建无前导符的目录的方法如图9-3和图9-4所示。

图9-3

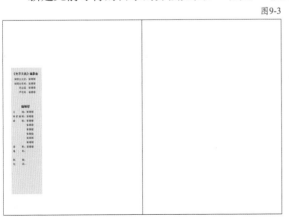

01 打开"光盘\素材\项目09\期刊目录\期刊目录.indd"文件。

图9-4

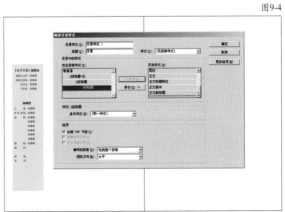

02 执行"版面/目录样式"命令，单击【新建】按钮，在【其他样式】列表框中依次将卷首语、1级标题-红、2级标题和3级标题添加到【包含段落样式】列表框中，单击【添加】按钮即可。

小提示 制作知识 如何自动提取目录

　　自动提取目录的首要条件是所有标题都应用了段落样式。创建目录样式需要有段落样式和字符样式，段落样式包括：一级标题、二级标题以及在目录中用到的目录样式。字符样式包括：在目录中用到的页码样式。本例先新建目录，然后提取目录，最后根据版面设置目录的样式，这种操作方法可以比较直观地看到目录设置后的效果。经验较丰富的设计师可以先设置目录需要用的样式，然后在新建目录时直接对提取的标题应用目录中的样式，这样在生成时则不必再对目录进行调整。

↘ 2. 设置目录样式

　　设置目录样式的方法如图9-5~图9-25所示。

图9-5

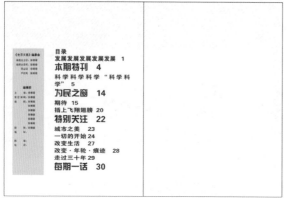

小提示 制作知识

　　提取出来的目录的文字属性与内文各标题的文字属性相同，下面要对目录中的内容进行文字属性的修改。

01 执行"版面/目录"命令，单击【确定】按钮，用光标在页面空白处单击，目录被提取到页面中。

图9-6

图9-7

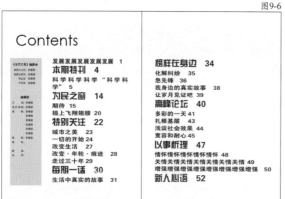

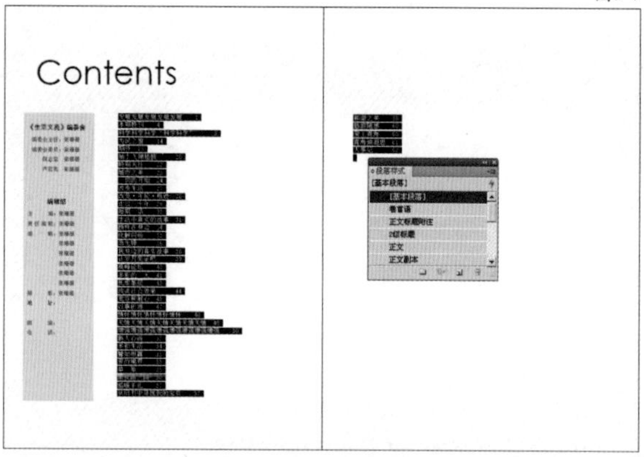

02 将未排完的目录排入下页，将文本框中的"目录"和多余的按回车键删除，拖曳文本框输入"Contents"，设置字体为"Century Gothic"，字号为"60点"，填充色为黑色。

03 全选文字内容，单击【段落样式】面板的【基本段落】，单击【清楚选区中的覆盖】按钮，清除样式。

图9-8

图9-9

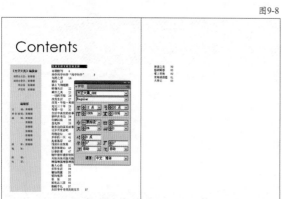

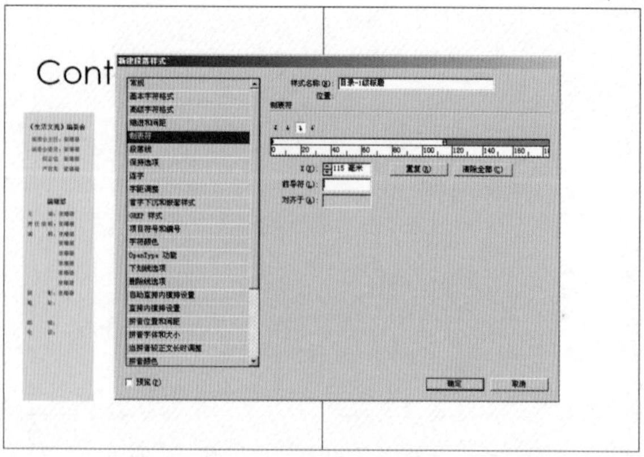

04 选择第1行的标题，设置字体为"方正大黑_GBK"，字号为"12点"，行距为"20点"。

05 设置新建段落样式为"目录-1级标题"，选择制表符，单击【右对齐制表符】按钮，设置X的距离为"115毫米"。

图9-10

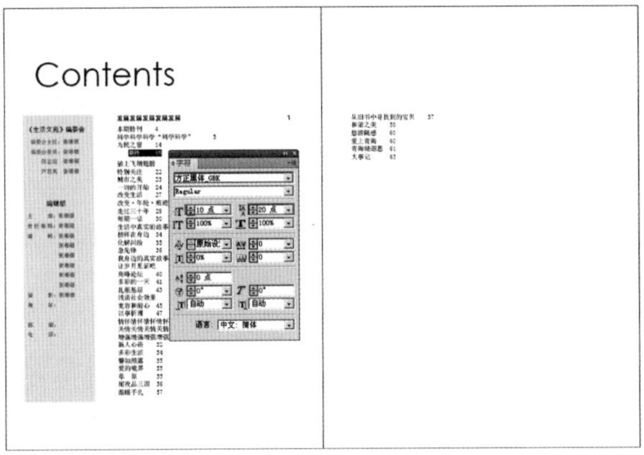

图9-11

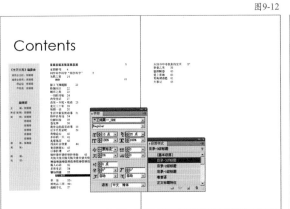

06 选择"期待",设置字体为"方正黑体_GBK",字号为"10点",行距为"20点",左缩进为"8毫米"。

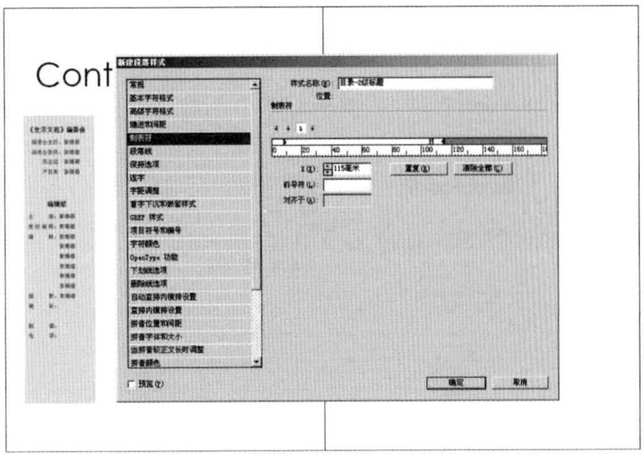

07 新建段落样式为"目录-2级标题",设置制表符为右对齐,距离为"115毫米"。

图9-12

图9-13

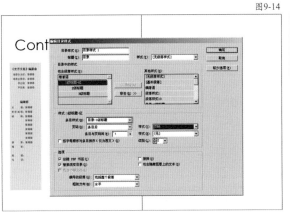

08 选择"爱的境界",设置字体为"方正细黑一_GBK",字号为"10点",行距为"20点",左缩进为"8毫米",新建段落样式为"目录-3级标题",制表符的设置与其他标题相同。

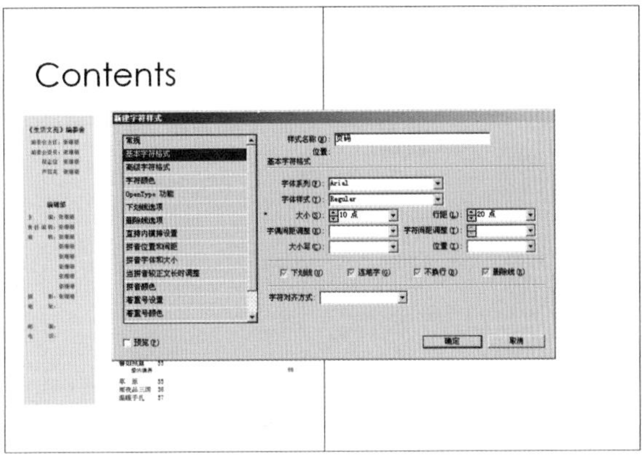

09 新建字符样式为"页码",设置字体为"Arial",字号为"10点",行距为"20点"。

图9-14

图9-15

10 执行"版面/目录样式"命令,选择目录样式1,单击【编辑】按钮,选择【包含段落样式】列表框里的"1级标题-红",设置【条目样式】为"目录-1级标题",页码的样式为"页码"。

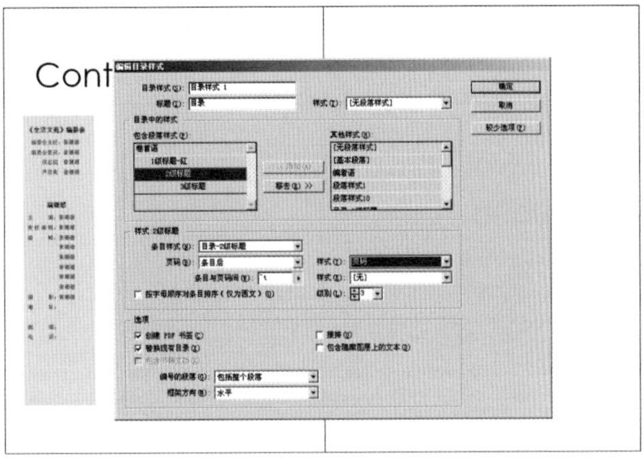

11 选择【包含段落样式】列表框中的"2级标题",设置【条目样式】为"目录-2级标题",页码的样式为"页码"。

图9-16

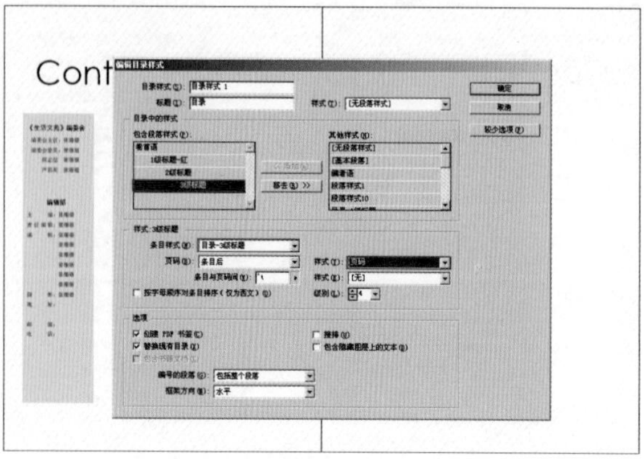

12 选择【包含段落样式】列表框中的"3级标题"，设置【条目样式】为"目录-3级标题"，页码的样式为"页码"。

13 单击【确定】按钮，全选文字内容，执行"版面/更新目录"命令。

图9-17

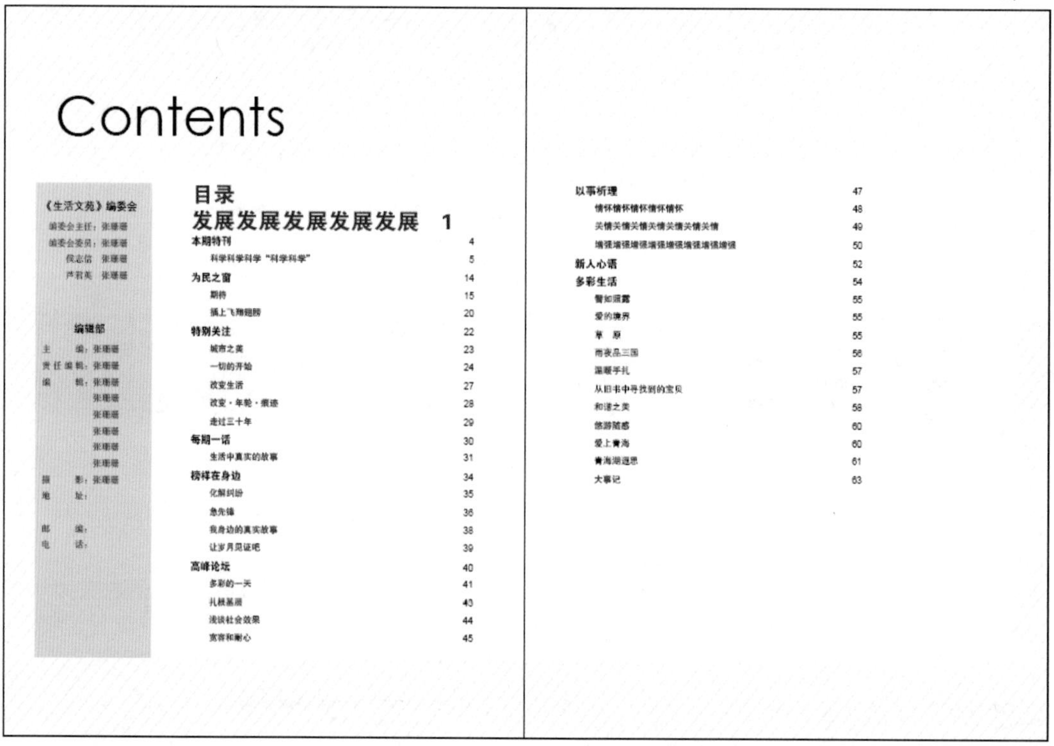

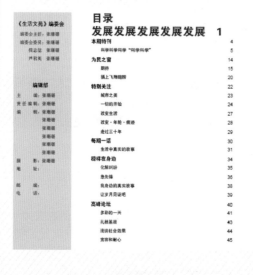

图9-18

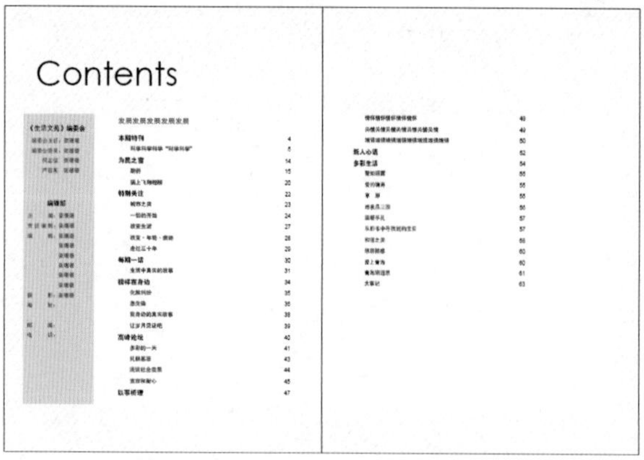

图9-19

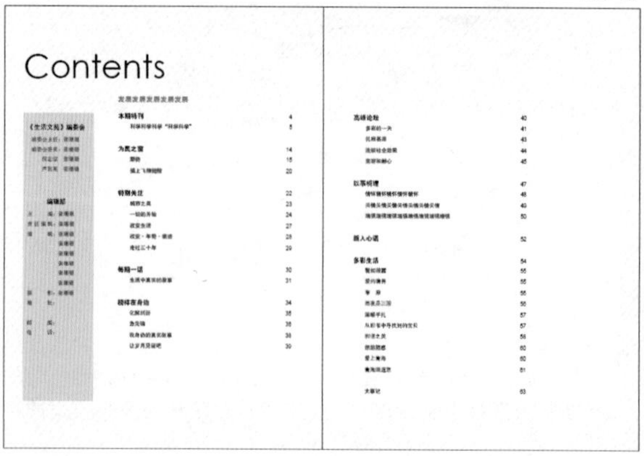

14 将文本框中的"目录"和多余的按回车键删除，选择"发展发展发展发展发展"，设置字体为"方正黑体_GBK"，字号为"12点"，行距为"20点"，段后间距为"3毫米"，删除页码。

15 将左边的文本框向上移动，使其高出旁边的灰色块，在每个1级标题前按下回车键，使版块区分更明显。

图9-20

图9-21

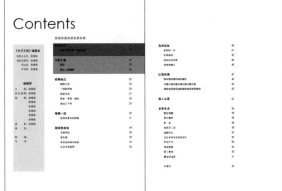

16 用【矩形工具】绘制超过目录文本框大小的矩形，设置填充色为（30，100，100，0）。

17 选择红色矩形，按住Shift+Alt组合键垂直向下拖曳鼠标光标，设置填充色为（10，60，100，0）。

图9-22

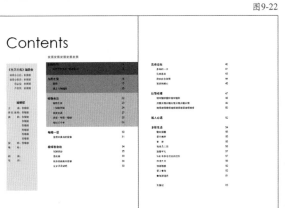

18 复制并粘贴橙色矩形，拉长矩形宽度，设置填充色为（10，25，100，0）。

19 按照上述操作方法复制并粘贴上一个矩形至其下方，调整宽度以适合文字内容，依次设置填充色为（20，35，65，10）、（100，10，35，15）。

图9-23

图9-24 图9-25

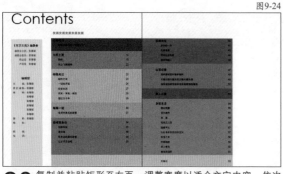
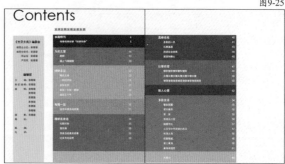

20 复制并粘贴矩形至右页，调整宽度以适合文字内容，依次设置填充色为（100, 50, 50, 0）、（100, 30, 0, 0）、（100, 60, 20, 0）、（50, 50, 25, 0）、（0, 20, 100, 0）。

21 解锁图层3，调整白色底与右边色块相等，然后锁定图层3，选择除蓝色文字外的文字内容，设置填充色为纸色。

↘ 3. 知识拓展

从多个文档中提取目录

从多个文档中提取目录的方法如图 9-26~图 9-29 所示。

图9-26　　　　图9-27

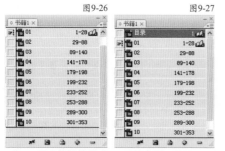

01 用书籍功能将多个文档整合。

02 新建"目录.indd"文档，放在项目01的前面。

图9-28

03 执行"版面/目录"命令，在弹出的对话框中选中【包含书籍文档】复选框。

图9-29

04 如果"目录.indd"没有在当前书籍中，则对话框中的【包含书籍文档】复选框无法选中。

底色的作用

本例用由暖色到冷色的色块作为底色，将目录中的条目区分开来，与没有底色的目录相比，有底色的目录具有更强的识别性，便于读者快速找到相关内容，如图 9-30 所示。

图9-30

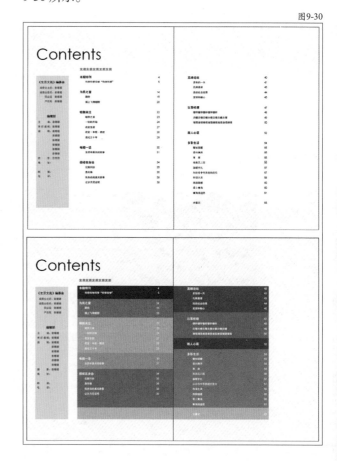

4. 错误解析

图9-31

执行"版面/目录样式"命令，在【其他样式】列表框中只显示"无段落样式"和"基本段落"，这样无法生成目录。这是因为没有在正文中创建段落样式，【其他样式】列表框中的选项与正文中"段落样式"中的选项是一致的。

图9-32

设置段落样式后，在【其他样式】列表框中会显示段落样式中的所有选项，这样才可以生成目录。

任务3 图书的目录设计

本任务主要是完成一个图书目录的设计。图书目录设计要求简洁，各级标题层次明确。本例通过使用具有前导符的样式制作目录，即页面前有修饰的小圆点或直线，如图9-33所示。

图9-33

↘ 1. 新建和提取目录

新建和提取目录的方法如图9-34~图9-38所示。

图9-34

01 打开"光盘\素材\项目09\图书目录\图书目录.indd"文件。

图9-35

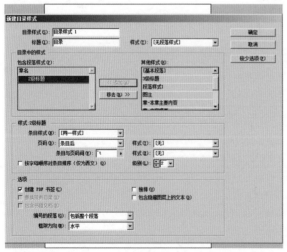

02 执行"版面/目录样式"命令，单击【新建】按钮，在【其他样式】列表框中依次将章名和2级标题添加到【包含段落样式】列表框中。

小提示 制作知识 通过嵌套样式使不同级别目录的页码大小一致

本例设计的目录要求各级标题在字体和字号上有所区别，但前导符和页码是统一不变的，这就需要用到嵌套样式，在前面的章节中讲解过嵌套样式的作用和用法，即同一段落体现两种及两种以上的不同效果。在设置时，需要在字符样式中设置各级标题的字体和字号，而在段落样式中只需设置同一种字体和字号的样式，然后嵌套不同的字符样式即可，如图9-36所示。

图9-36

图9-37

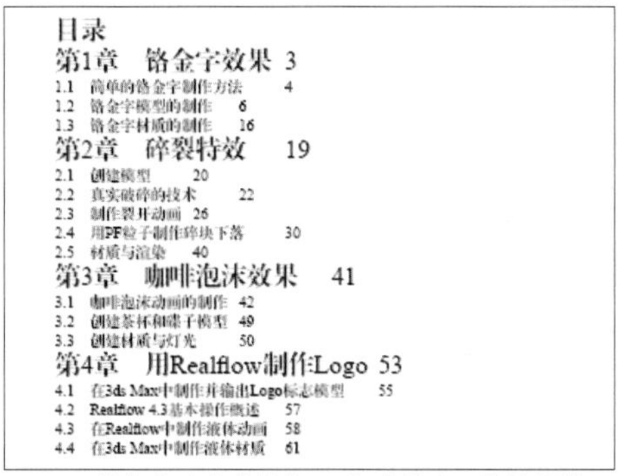

图9-38

03 单击【确定】按钮，完成新建目录的操作。执行"版面/目录"命令，单击【确定】按钮，将提取的目录置于页面1中。

04 全选文字内容，单击【段落样式】面板的【基本段落】，清除样式。

2. 设置具有前导符的样式

设置具有前导符的样式的方法如图9-39~图9-56所示。

图9-39

图9-40

01 剪切并粘贴"目录"，设置字体为"方正粗倩_GBK"，字号为"20点"，在两字中间按Ctrl+Shift+M组合键，插入两个全角空格。

02 选择章标题，设置字体为"小标宋+bernard"，字号为"12点"，行距为"14点"，段后间距为"7毫米"，新建字符样式为"1级标题"。

图9-41

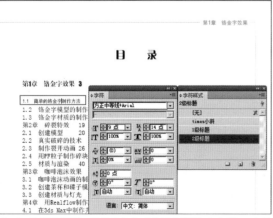

图9-42

03 选择节标题，设置字体为"方正中等线+Arial"，字号为"9点"，行距为"14点"，新建字符样式为"2级标题"。

04 新建段落样式为"目录-1级标题"，设置字体为"方正中等线+Arial"，字号为"9点"，行距为"14点"，选择制表符，设置右对齐，X为"70毫米"，前导符为在中间位置的圆点。

图9-43

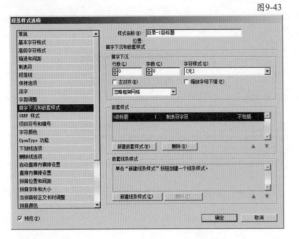

图9-44

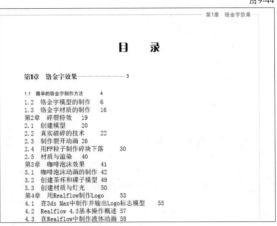

05 选择"首字下沉和嵌套样式"，设置嵌套样式为"1级标题"、"制表符字符"、"不包括"。

06 单击【确定】按钮，完成章标题的目录样式。

图9-45

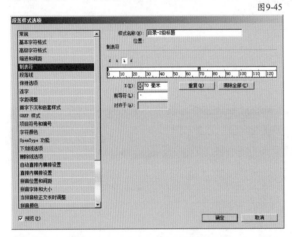

图9-46

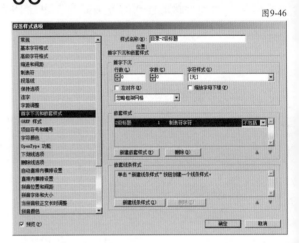

07 新建段落样式为"目录-2级标题"，设置字体为"方正中等线+Arial"，字号为"9点"，行距为"14点"，选择制表符，设置右对齐，X为"70毫米"，前导符为在中间位置的圆点。

08 选择"首字下沉和嵌套样式"，设置嵌套样式为"2级标题"、"制表符字符"、"不包括"。

图9-47

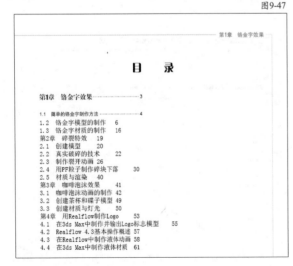

09 单击【确定】按钮，完成节标题的目录样式。

小提示 制作知识

设置完嵌套样式之后，很有可能前后两个样式的字体相同，例如目录-1级标题，要求标题用12点，前导符和页码用9点，但设置完段落样式之后，这两者的字号都变为9点，此时打开"1级标题"字符样式，将字体改为12点即可（注：在没有选择任何文字的情况下，打开字符样式），如图9-48所示。

图9-48

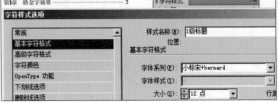

图9-49

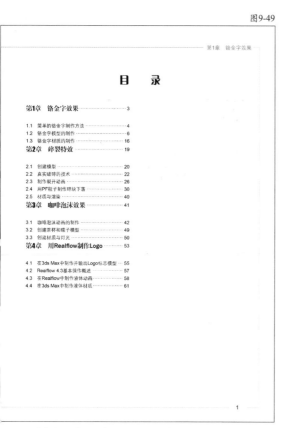

图9-50

10 为各级目录应用相对应的目录样式。

11 置入"1-1.jpg"至目录页中，在控制面板的【宽度】文本框中输入"70毫米"，⊕按钮保持连接状态，按下回车键，按Ctrl+Shift+Alt+C组合键，使内容适合文本框。

图9-51

图9-52

图9-53

12 置入"装饰矩形.ai"，放在章标题下方。

13 用【选择工具】向上拖曳文本框下方的中间锚点至"1.3 铬金字材质的制作"，单击右下角的红色（＋）号，拖曳文本框，置入"1-2.jpg"，设置等比例缩放宽度为"70毫米"。

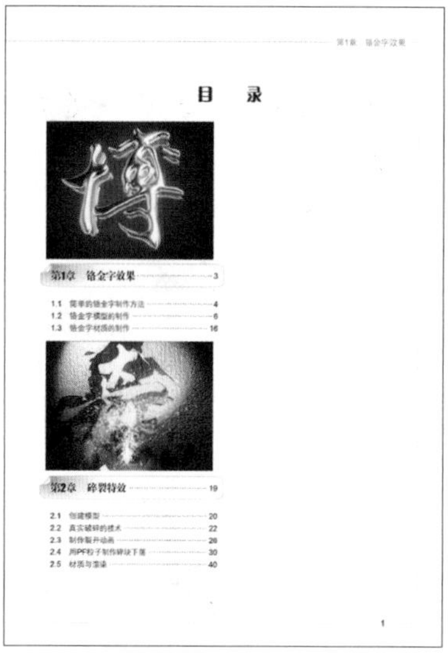

14 复制粘贴"装饰矩形.ai"至第2章标题的下方。

图9-54

15 置入"1-3.jpg"，设置等比例缩放宽度为"70毫米"，复制并粘贴"装饰矩形.ai"至第3章标题下方。

图9-55

16 拖曳文本框至"3.3　创建材质与灯光"下方，单击红色（＋）号，拖曳文本框。

图9-56

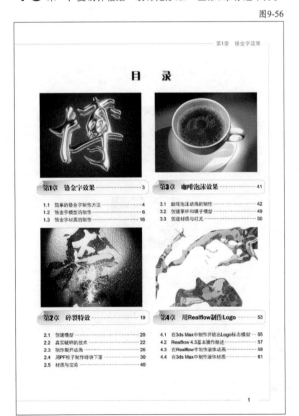

17 置入"1-4.jpg"，设置等比例缩放宽度为"70毫米"，复制并粘贴"装饰矩形.ai"至第4章标题下方。

任务4 作业

根据提供的素材完成以下作业。

作业要求

◎ 设计要求：目录要有层次感，图文搭配要和谐。

◎ 制作要求：页码位置要对齐。

◎ 印刷要求：图片要转换为 CMYK 模式，以免印刷时偏色。

课后训练

◎ 了解 PDF 的相关知识。

◎ 了解 InDesign 的输出设置。

DELICIOUS FOOD

DELICIOUS TEMPTATIONS

项目10
数字出版物设计

设计要点

InDesign CS6的推出主要针对的是数字出版解决方案，它能够制作出具有互动性的交互文件。在软件中通过内置的按钮、超链接、动画、对象状态、媒体和页面过渡效果等创意工具制作出具有吸引力的版面。

技术要点

◎ 掌握SWF电子杂志的制作。

◎ 掌握iPad电子杂志的制作。

◎ 掌握数字出版物的输出方法。

课时安排

任务1 发布于PC电脑的电子杂志设计

本节主要讲解如何使用 InDesign CS6 中的交互功能制作出一本漂亮的 SWF 电子杂志。

1. SWF电子杂志介绍

SWF 电子杂志是指后缀名为 SWF 格式的电子杂志，它可以融入图片、文字、声音和视频等内容，给读者非常棒的阅读体验。

阅读 SWF 电子杂志非常方便，只需要下载一个 Flash Player 即可打开 SWF 电子杂志，也可以直接在浏览器中阅读 SWF 电子杂志。有很多网站直接把 SWF 电子杂志嵌入到其中，登录网站后可以直接在线阅读，所以 SWF 电子杂志是一种非常方便的电子杂志格式。

SWF 电子杂志的应用很广泛，例如，利用网站平台将时尚杂志、旅游杂志、购物杂志制作成 SWF 试读版，嵌入到网站中进行在线阅读，吸引读者购买。公司可以定期推出自己的电子版企业宣传册，这样不仅传播方便，还节省成本。我们可以将普通的 PPT 做成生动的演示文件。

2. 设计制作静态页面

设计制作静态页面如图 10-1~ 图 10-15 所示。

图10-1

图10-2

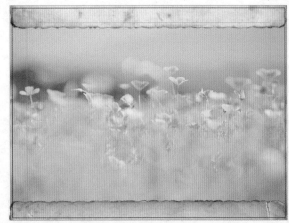

01 执行"文件/新建/文档"命令，设置【用途】为Web，【页面大小】为1024×768，取消选中对页，单击【边距和分栏】，设置上、下、左、右的边距为55px。

02 执行"文件/置入"命令，置入"光盘\素材\项目10\1-1.jpg、边框上.png、边框下.png"图片至主页中。

图10-3

03 用【文字工具】在页面左上角拖曳一个文本框输入文字内容，设置字体为"时尚中黑简"，字号为14px，网址的字体为"Arial"，字号为12px；页面右上角输入文字内容，设置字体为"微软雅黑"，字号为14px，填充颜色，色值从左到右依次为（R242,G189,B29）、（R217，G103，B4）、（R132，G153，B114）。

图10-4

图10-5

04 置入"光盘\素材\项目10\亭子.png、椅子.png、瓶子.png、木牌.png"图片至页面中，旋转木牌角度。

05 拖曳文本框输入文字内容，设置中文字体为"方正超粗黑_GBK"，字号为32px，填充纸色。英文字体为"350-CAI978"，字体为36px，填充黑色，旋转文字角度。

图10-6

图10-7

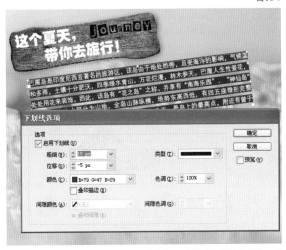

06 置入"光盘\素材\项目10\文字1.txt"至页面中，设置字体为"方正中等线_GBK"，字号为14px，行距为24点，旋转文字角度。

07 单击【字符】面板右侧的三角按钮，选择【下划线选项】，选中【启用下划线】复选框，设置【粗细】为18px，【位移】为-5px，【颜色】为R=79 G=47 B=29。

图10-8

图10-9

08 复制木牌，粘贴到文字右下方，并等比例缩小，拖曳文本框输入文字内容，设置字体为"方正大黑_GBK"，字号为14px。

09 置入"光盘\素材\项目10\1-3.jpg、1-4.jpg、1-5.jpg"图片至页面中，设置描边粗细为7px，描边颜色为纸色，旋转图片角度。

图10-10

图10-11

10 选择3张图片，单击【效果】面板右侧的三角按钮，选择"效果/外发光"命令，设置【模式】为正常，【不透明度】为75%，【大小】为12px。

11 置入"光盘\素材\项目10\纸片.png"至页面中，复制粘贴两次，分别放在图片下方，在纸片上拖曳文本框，输入文字内容，设置【字体】为"方正书宋_GBK"，【字号】为12px，文字颜色为（R64，G1，B1）。

图10-12

图10-13

12 用【椭圆工具】绘制圆形，填充渐变色，渐变【类型】为径向，用【渐变色板工具】调整渐变方向，设置投影【距离】为4px，【大小】为2px，另外两个圆形设置方法相同。

13 置入"光盘\素材\项目10\蝴蝶1.png和蝴蝶2.png"至页面中。

小提示 制作知识 旋转对象

用【选择工具】选择对象，将光标移至对象的左上角，光标则变为旋转图标，按住鼠标左键不放，向上或向下拖曳鼠标，即可旋转对象。

图10-14

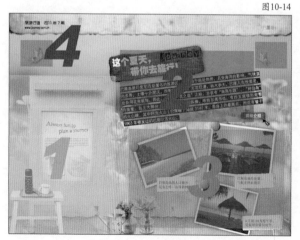

图10-15

14 静态页面完成后，将它们分别放在不同的图层中，笔者按照动画组出现的先后顺序进行分层。从下往上的图层顺序依次为主页（主页上的内容）、动画1、动画2、动画3、动画4、详细介绍内容、箭头。

3. 制作交互对象

制作交互对象的方法如图10-16～图10-46所示。

图10-16

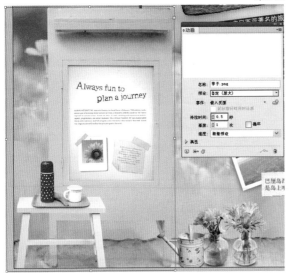

01 选择"亭子.png"，执行"窗口/交互/动画"命令，设置【预设】为自定（放大），【持续时间】为0.5秒。

图10-17

02 单击【属性】的扩展按钮，设置【制作动画】为结束时使用当前外观，【缩放】为0%，选中【执行动画前隐藏】复选框，单击下方中间位置的原点。

图10-18

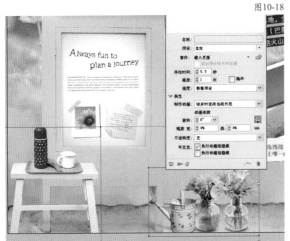

03 根据步骤01和02的方法，设置"椅子.png"和"瓶子.png"的动画。

图10-19

04 执行"窗口/交互/预览"命令，对前面设置的动画进行预览。

图10-20

通过预览动画，可以看到播放的顺序是一个动画播放完毕，再到另一个动画。现在我们想让动画播放得更紧凑，即"亭子.png"播放到0.1秒的时候，"椅子.png"开始播放，"椅子.png"播放到0.1秒的时候，"瓶子.png"开始播放。【计时】面板可以实现这个效果，还可以调整动画的播放顺序。

05 执行"窗口/交互/计时"命令，按住Shift键连续选择"亭子.png"、"椅子.png"和"瓶子.png"，单击【一起播放】按钮。

图10-21

06 在【计时】面板中，单击"椅子.png"，设置【延迟】为0.1秒，瓶子的延迟也为0.1秒。

小提示 制作知识 动画的持续时间

动画的持续时间不宜过长，如果每个动画的持续时间太长的话，会让读者失去阅读的耐心，建议每个动画的持续时间在0.25秒~0.75秒。

图10-22

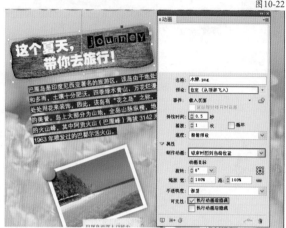

07 选择"木牌"，在【动画】面板中设置【预设】为自定（从顶部飞入），【持续时间】为0.5秒，【制作动画】为结束时回到当前位置，选中【执行动画前隐藏】复选框。

图10-23

08 选择两个标题，设置【预设】为自定（渐显），【持续时间】为0.5秒，选中【执行动画前隐藏】复选框。

图10-24

09 在【计时】面板中，按住Shift键连续选择两个标题，单击【一起播放】按钮，让两个标题同时播放动画。

图10-25

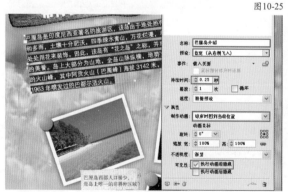

10 选择正文，设置【名称】为巴厘岛介绍，【预设】为自定（从右侧飞入），【持续时间】为0.25秒，【制作动画】为结束时回到当前位置，选中【执行动画前隐藏】复选框。

图10-26

11 选择"木牌"和"详细介绍"，按Ctrl+G键编组，设置【名称】为详细介绍，【预设】为自选（从右侧飞入），【持续时间】为0.25秒，【制作动画】为结束时回到当前位置，选中【执行动画前隐藏】复选框。

图10-27

图10-28

12 如图10-27所示，分别将3组对象进行编组。

13 选择3组对象，设置【预设】为显示，选中【执行动画前隐藏】复选框。

图10-29

图10-30

14 选择左边的编组对象，在【图层】中展开动画3的子图层，双击"组"，输入"图片1"，另外两个编组对象的名称依次是"图片2"和"图片3"。

15 在【计时】面板中，按住Shift键连续选择图片1、图片2和图片3，单击【一起播放】按钮，分别设置图片2和图片3的【延迟】为0.2秒。

图10-31

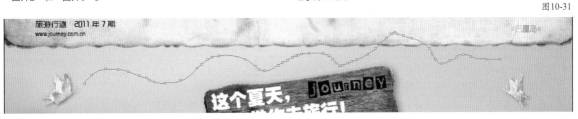

16 选择【铅笔工具】在"蝴蝶1"旁绘制一条路径。

图10-32

17 选择"蝴蝶1"和路径，单击【动画】面板右侧的三角按钮，选择【转换为移动路径】。

图10-33

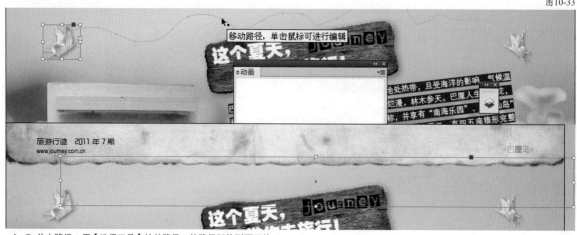

18 单击路径，用【选择工具】拉伸路径，使路径延伸到页面外。

在主要动画播放完毕后，才会出现飞舞的蝴蝶，作为装饰性元素，动画的持续时间可以稍久一些。

图10-34

19 设置"蝴蝶1"的【持续时间】为12秒，选中【执行动画前隐藏】和【执行动画后隐藏】复选框。

图10-35

20 设置"蝴蝶2"的【持续时间】为10秒，选中【执行动画前隐藏】和【执行动画后隐藏】复选框。

图10-36

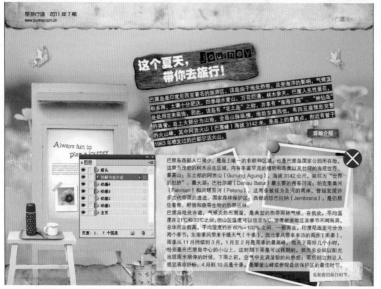

小提示　制作知识　调整动画播放顺序

　　如果动画的播放顺序不是自己理想的样子，可以通过拖曳【计时】面板中的元素名称进行调整。建议设计师对每个交互元素起好名字，这样就可以在【计时】面板中轻易找到自己需要调整的对象。通过双击【图层】面板中的名称即可重命名。

21 选择"详细内容介绍"图层，置入"文字2.txt"至页面中，在文字后面绘制白色透明矩形。在矩形框右上角绘制圆形，用【直线工具】并按住Shift键绘制两条45°倾斜的直线，将圆形和直线进行水平和垂直居中对齐，简洁的关闭按钮就绘制完成了，将关闭按钮的元素进行编组。

下面进行对象状态的设定，将"详细内容"设置为按钮，单击它则弹出巴厘岛内容的介绍，再单击矩形框右上角关闭按钮，则回到原来的页面。

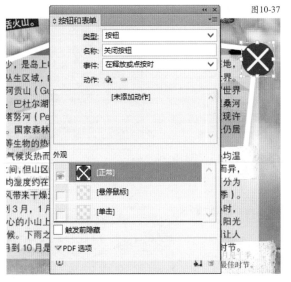

图10-37

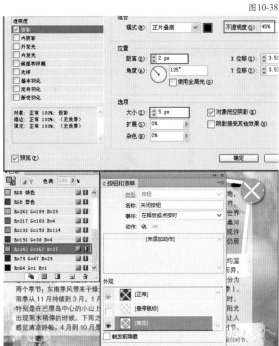

图10-38

22 用【选择工具】双击关闭按钮，执行"窗口/交互/按钮"命令，单击面板右下角的【将对象转换为按钮】按钮，设置【名称】为关闭按钮，按回车键。

23 单击【外观】属性栏中的单击，用【直接选择工具】选择圆形，设置颜色（R242，G167，B27），投影的【不透明度】为45%，【距离】为2px，【大小】为5px，单击【正常】，完成按钮的设置。

小提示　制作知识　交互元素的命名尤为重要

设计制作电子杂志，交互元素非常多，有些交互元素之间关系密切，所以对每个交互元素的命名尤为重要，设计师可以根据自己的习惯进行命名。笔者在进行案例讲解时，采用形象描述来命名，方便自己记忆和查找。设计师在跟着案例进行练习时，建议与笔者的命名相同，先了解这些设置的思路，弄明白逻辑关系后再采用自己的方式进行实际操作。

图10-39

图10-40

24 用【矩形框架工具】在页面外绘制一个矩形。

25 选择矩形框架和详细内容介绍，执行"窗口/交互/对象状态"命令，单击面板右下角的【将选定范围转换为多对象状态】按钮，设置【对象名称】为详细内容介绍，每个对象状态的名称按照图10-40所示进行命名，单击面板右侧的三角按钮，选择【触发前隐藏】。

图10-41

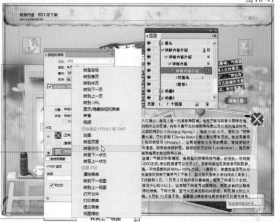

图10-42

26 双击选不中关闭按钮时，可以通过【图层】面板找到按钮所在的位置，单击旁边的小方格即可选中。在【按钮】面板中单击动作的+号，选择【转至状态】。

27 在【状态】下拉列表中选择空白。

图10-43

图10-44

28 在【对象状态】面板中单击"空白"，回到页面中，选择"详细介绍"，将其转换为按钮，添加【转至状态】动作，设置【状态】为详细内容。

29 在"详细介绍"按钮旁，用【钢笔工具】绘制一个箭头，用【文字工具】绘制文本框输入文字内容，该图标作为提示读者单击此处会有页面弹出。设置动画【名称】为点击图标，【预设】为渐显，【持续时间】为1秒，【播放】为10次，选中【执行动画前隐藏】和【执行动画后隐藏】复选框。

图10-45

图10-46

30 在【计时】面板中，按住Shift键连续选择蝴蝶1、蝴蝶2和点击图标，单击【一起播放】按钮，分别设置蝴蝶2的【延迟】为1秒，点击图标的【延迟】为2秒。

31 执行"窗口/交互/预览"命令，对完成的动画效果进行预览。

↘ 4. SWF输出设置

SWF 输出设置如图 10-47~ 图 10-50 所示。

图10-47

图10-48

01 执行"文件/导出"命令，在【保存类型】下拉列表中选择
"Flash Player（SWF）"。

02 单击【保存】按钮，页面大小选择1024×768，选中【生成
HTML文件】和【导出后查看SWF】复选框。

图10-49

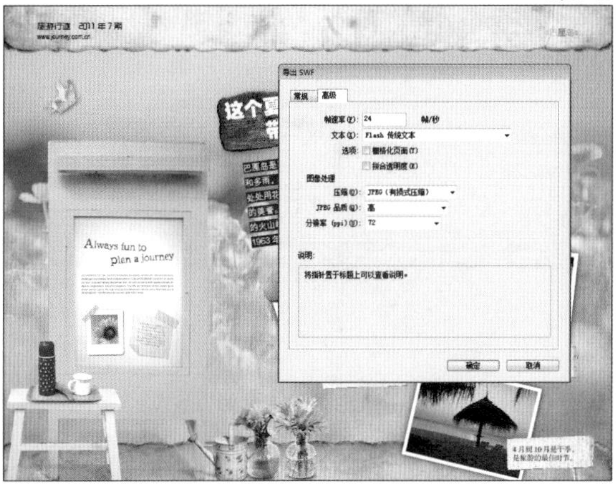

图10-50

03 单击【高级】选项卡，【帧速率】一般设置24，【分辨率】为72。

04 单击【确定】按钮，在浏览器中查看效果。

小提示 制作知识 介绍【导出SWF】对话框中部分选项的作用

导出 SWF 格式，可以用 Flash Player 来观看，导出时选中【生产 HTML 文件】复选框，则可以用浏览器来观看文件。

【背景】选项中如果选择【透明】，便会失去页面切换的效果。

在【页面过度效果】下拉列表中有很多效果可以选择，如果选择"通过文档"则跟随页面内的设置。

【包含交互卷边】是目前比较受欢迎的翻页效果，如果选中该复选框，便可以拖拉着书角来翻页。

【帧速率】的参数设置，一般来说每秒 24 帧已经足够了，最多不要超过 30 帧。要注意，帧数越多，文件容量越大。

【文本】下拉列表中的【Flash 传统文本】是可被搜索的文字，容量很小，但字型效果一般；【转换为轮廓】效果较好，文件容量较大；【转换为像素】转存后的 SWF，可支持放大功能，图像会出现锯齿。

【栅格化页面】复选框可以支持放大功能，图像会出现锯齿；【拼合透明度】复选框拼合后可以令文件简化，但会失去交互功能。

【图像处理】选项组中，【压缩】JPEG 格式，高品质，72 分辨率对于电子杂志来说已经足够，如果要最好的效果，可以选择 PNG 格式，但文件会比较大。

任务2 发布于iPad的电子书设计

本节主要讲解如何使用【Folio Overlays】面板的各项功能制作出一本漂亮的 iPad 电子杂志。

1. iPad电子杂志介绍

制作 iPad 电子杂志的流程：在 InDesign CS6 中创建标准的文件，设计制作页面内容，为内容添加交互效果。在 Adobe Content Viener 中进行测试，确保内容无误。通过 Adobe DPS 发布电子杂志。用 omniture 进行准确的数据分析，了解读者的需求。

InDesign CS6 制作的 iPad 电子杂志无法直接在本地测试，需要将制作文件上传至 Adobe 服务器进行测试。首先需要登录 www.adobe.com 注册一个 Adobe ID，注册完成后在【Folio Buider】面板中登录 Adobe ID。

执行"窗口 / 扩展功能 /Folio Builder"命令，输入账号、密码，单击【登录】按钮。新建一个作品集，输入作品集名称（作品集名称建议和本地的作品集名称一样），单击【导入】按钮，导入本地的制作文件。选择导入一篇还是多篇文章，在位置中选择本地的作品集文件夹，单击【确定】按钮，即开始上传制作文件。 文件上传完毕后，单击面板左下角的【预览】按钮即可进行预览。

图10-51

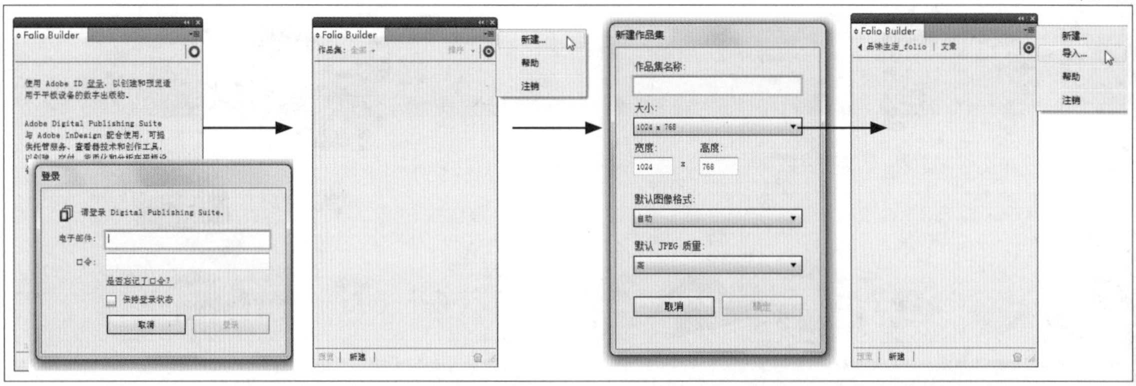

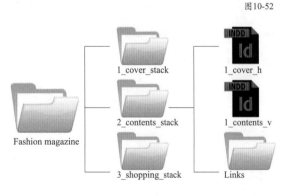

图10-52

制作 iPad 电子杂志对文件的建立和管理有严格要求，如果不按照规范建立和命名文件，那么文件上传到 Adobe 服务器后，将无法正确输出。

1级文件夹是作品集,命名可以是刊名＋刊期，作品集相当于一本书或一期杂志。2级文件夹归类放置内容的章节，各章节内放置的内容为3级文件夹，里面包括横版制作文件、竖版制作文件和链接图，因为大多数平板电脑都支持重力感应，既可横看又可竖看，所以就需要设计师制作两个版面。

对于横版 indd 文件，命名为 xxx_h.indd ；竖版 indd 文件，命名为 xxx_v.indd 文件。其中，_h 和 _v 是识别横版和竖版的标识。如果不这样命名，则无法正确输出。

2. 建立工作环境

　　iPad 电子杂志并不支持 InDesign 中的所有交互功能，如不支持动画和计时，按钮中的部分功能也不支持。执行"窗口 / 工作区 / 交互"命令，在"交互"工作环境中将【动画】和【计时】面板关闭，打开制作 iPad 电子杂志必须用到的【Folio Overlays】面板和【Folio Builder】面板，然后存为 iPad 工作区。

图10-53

图10-54

01 执行"窗口/工作区/交互"命令，关闭【动画】面板和【计时】面板。

02 执行"窗口/扩展功能"命令，打开【Folio Overlays】面板和【Folio Builder】面板。

图10-55

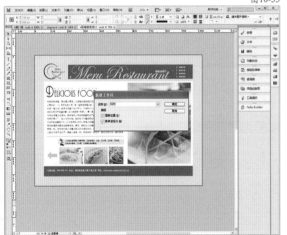

小提示 制作知识 【Folio Overlays】面板和【Folio Builder面板】

　　【Folio Overlays】面板主要用于 InDesign 电子杂志的前期制作，其内容包括超链接、幻灯片、图像序列、音频和视频、全景图、Web 内容、平移并缩放。【Folio Builder】面板则是电子杂志完成制作后，在放到 iPad 平台上进行销售前，需要在【Folio Builder】面板上登录，将完成的文件上传进行预览，测试各项设置是否存在问题。

03 执行"窗口/工作区/新建工作区"命令，设置【名称】为iPad，单击【确定】按钮，则完成新建工作区的操作板。

3. 设计制作交互页面

　　文字内容较多时，通过制作可滚动的文本框来装载更多的文字内容，即在有限的文本框内，拖动文本框右边的滚动条来进行阅读。制作可滚动文本框的方法比较严格，不能有丝毫错误。

图10-56

01 置入"光盘\素材\项目10\文字3.txt"至页面中，设置字体为"方正细等线_GBK"，字号为12px，行距为20点。

图10-57

02 复制粘贴文本框到页面外，把文本框向下拖曳至没有溢流文本为止，删除页面内的文字内容。

图10-58

03 新建一个图层，用于放置可滚动文字。设置图层名称为"Scrollable Content"，要严格按照此名称输入，区分大小写，单词之间有一个空格。将可滚动文字（即页面外的文字）放在该图层中，该图层只能用于放置可滚动文字。

图10-59

04 统一两个文本框的名称，选择页面外的文本框，单击图层旁的三角按钮，在展开的图层中单击文本框名称，再单击一次即可输入该文本框的名称。

图10-60

05 按照上一步的方法，设置页面内的文本框名称。

图10-61

06 单击【Folio Overlays】面板左下角的【预览】按钮，查看效果。按住鼠标左键不放向下拖动，可以看到滚动条遮挡了一些文字内容，需要再做调整。

图10-62

07 在页面中将文本框的宽度稍微拉大一些，再进行预览，查看效果。

下面要制作在有限的区域内可以平移拖动的图片。在页面中用【矩形框架工具】绘制出用于平移的区域，形状必须是矩形，并且矩形框的高度要与图片框的高度完全一致，或小于图片框的高度，但绝对不能大于图片框的高度，否则上传文件时会报错。

图10-63

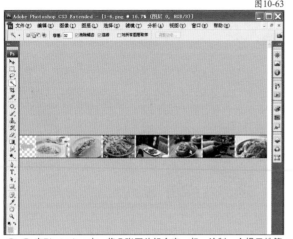

08 在Photoshop中，将几张图片组合在一起，绘制一个提示性箭头，存储为png格式。

图10-64

09 用【矩形框架工具】绘制矩形，用于放置平移并缩放的图片。

图10-65

10 选择矩形框，置入"光盘\素材\项目10\iPad电子杂志完成效果\Links\1-6.png"图片到矩形框内，调整矩形框的高度，要与图片的高度完全一致。

图10-66

11 在【Folio Overlays】面板中单击【可滚动框架】，选中【左上】单选按钮。

图10-67

12 单击【预览】按钮，把光标放在平移图片的位置上，按住鼠标左键不放，向左拖曳，则图片向左平移。

小提示　制作知识　版面内的各元素合理归类

制作 iPad 电子杂志时，页面中的各元素建议归类置放在图层中，这样可以方便我们选择叠放在一起的对象，而且可以有效地避免误操作。笔者的习惯是将图层分为主页层、图片层、文字层、交互层、按钮层，如图 10-68 所示。

图10-68

在页面中的一个固定区域内，多张图片叠放在一起，通过轻扫图片或按钮控制图片进行翻阅，可以使用【Folio Overlays】面板的幻灯片功能来实现，但前提是必须建立一组对象状态。

图10-69

13 置入"光盘\素材\项目10\iPad电子杂志完成效果\Links\1-1. jpg~1-5.jpg"图片至页面中。

图10-70

14 选择置入的图片组，单击【对齐】面板的【水平居中对齐】和【垂直居中对齐】按钮。

图10-71

15 选择图片组，执行"窗口/交互/对象状态"命令，单击【对象状态】面板右侧的三角按钮，选择"新建状态"，设置【对象状态】名称为"食物图片组"。

图10-72

16 用【椭圆工具】绘制两个圆形，在圆形中间用【钢笔工具】绘制出三角形，圆形填充颜色值为（R132，G153，B114），三角形填充纸色，两个圆形与三角形分别编组。

图10-73

17 选择左边的图形右击，选择"交互/转换"为按钮，设置【名称】为按钮左，按回车键，单击【外观】属性栏中的单击，用【直接选择工具】选择圆形，设置颜色和投影。

图10-74

18 在【按钮】面板中单击动作的+号，选择【转至上一状态】，【对象】下拉列表中选择食物图片组。

图10-75

19 按照步骤17和步骤18的设置方法，设置右边的按钮，按钮名称为按钮右，动作为【转至下一状态】。

图10-76

20 在【Folio Overlays】面板中选中【轻扫以更改图像】复选框。

图10-77

21 单击【预览】按钮，查看效果，单击左边的按钮，图片向上一张翻阅，单击右边的按钮，图片向下一张翻阅，在图片上拖曳鼠标，则图片也会发生更改。

图10-78

22 选择页面下方的网址，执行"窗口/交互/超链接"命令，打开【超链接】面板。

图10-79

23 在URL文本框中输入"http://www.baidu.com/"（单击该网址则会弹出网页，在这我们用百度网页作为示范，没有任何实际意义），按回车键完成添加超链接的操作。

图10-80

24 在网址下面绘制一条直线，作为交互提示作用。

在 InDesign CS6 中，可以将全景图叠加在一起模拟立体空间的效果，设计师通过旋转图片可以看到 6 个面的立体空间。创建全景图需要 6 张图片，这些图片代表立方体的 6 个内侧。图片的排列顺序有严格的要求，如图 10-81 所示。

图片的命名方法是图片名称＋下划线＋数字，例如 P_01、P_02、P_03……

图10-81

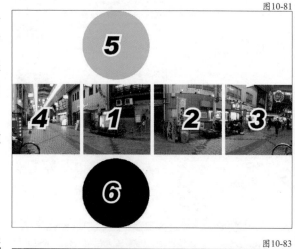

图10-82

25 在链接图片文件夹中新建一个文件夹，用于放置全景图。

图10-83

26 在页面中，用【矩形框架工具】绘制占位符。

图10-84

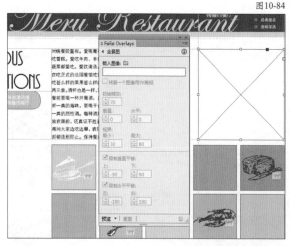

27 选择占位符，单击【Folio Overlays】面板的【全景图】选项。

图10-85

28 单击【载入图像】旁的文件夹按钮，在弹出的对话框中选择全景图存放的文件夹即可。

图10-86

图10-87

29 等比例缩小图片以适合文本框的大小，选中【将第一个图像用作海报】复选框。

30 用【钢笔工具】绘制图形，作为交互提示作用。

图10-88

31 单击【预览】按钮，查看效果，单击全景图片，则出现放大的全景图，按住鼠标左键不放即可上、下、左、右地拖曳进行浏览。

【Folio Overlays】面板中的图像序列功能可以将一系列图片叠放在一起，模拟 3D 的 360° 旋转效果或动画的连续性动作效果。在制作该效果时，文件夹和文件名必须规范，在链接图片文件夹下建立一个文件夹专为放置 360° 旋转图片使用。每张图片的名称相同，名称后面加上数字表示图片的排列顺序，例如西餐桌 01.jpg、西餐桌 02.jpg 等。每张图片的大小要完全一致。

要平滑地进行 360° 旋转，至少要使用 30 张图片，但使用过多图片会增加不必要的文件大小。每张图片使用"存储为 Web 和设备所有格式"的存储方法进行压缩，减小文件容量。

图10-89

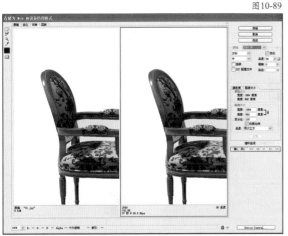

32 在Photoshop中打开图片，执行"文件/存储为Web和设备所有格式"命令，单击【双联】选项卡，可以查看设置前后的细节，在【预设】下拉列表中选择JPEG中。

图10-90

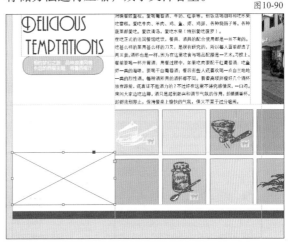

33 将每张图片都进行压缩后，在InDesign页面中用【矩形框架工具】绘制占位符。

图10-91

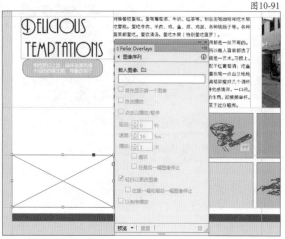

34 选择占位符，单击【Folio Overlays】面板的【图像序列】选项。

图10-92

35 单击【载入图像】旁的文件夹按钮，在弹出的对话框中选择图像序列存放的文件夹即可。

图10-93

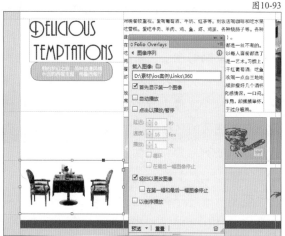

36 等比例缩小图片以适合文本框的大小，选中【首先显示第一个图像】和【轻扫以更改图像】复选框。

图10-94

37 用【直线工具】绘制直线，在【描边】面板中设置起点和终点的箭头类型，作为交互提示作用。

图10-95

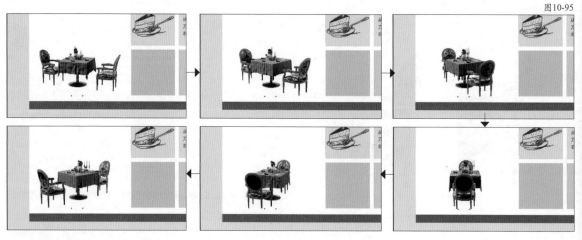

38 单击【预览】按钮，查看效果。

4. iOS输出设置

iOS输出设置的方法如图10-96~图10-98所示。

图10-96

01 执行"窗口/Folio Overlays"命令，在面板下方选择【预览】/【在桌面上预览】。

图10-97

02 弹出Adobe Content Viewer进行预览。滑动鼠标可以切换页面。

图10-98

03 第2页的预览效果。

任务3 数字出版物的输出设置

对于 SWF 格式的电子杂志，直接执行"文件 / 导出"命令即可输出 SWF 格式电子杂志。

对于 iPad 电子杂志，在本地预览测试通过后，还可以在设备上进行预览。InDesign 可以制作应用于多种移动终端的电子杂志，如 iPad、iPhone 及 Andriod 设备等，具体方法如下。

（1）在 Adobe 官网更新 DPS 插件至最新，在移动终端的软件商店中下载最新的 Adobe Viewer。

（2）在 Adobe 官网注册免费的 Adobe ID。

（3）执行"窗口 /Folio Buider"命令，登录 Adobe ID，上传做好的电子杂志源文件。

（4）在移动终端上打开 Adobe Viewer 并登录 Adobe ID，即可下载电子杂志并进行查看。

项目11

印刷品的输出设置

如何做好印刷品的输出设置?

设计制作完成后，需要对文件进行输出。InDesign可以用原文件进行打印，也可以用PDF进行打印，用于校对检查。如果文件送交印厂印刷，常输出为PDF格式，可以直接在网上传输，若对自己制作的文件不放心，也可以将文件打包，打包的文件里包含原文件及链接图，这样便于修改，还需复制文件中用到的字体。发给客户预览的文件，可以输出小质量的PDF文件，若客户电脑没有Adobe Reader或Adobe Acrobat，可以输出JPG文件。

我们需要掌握什么?

掌握多种输出方法，以应对不同的情况。

课时安排

任务1 输出PDF	0.5课时
任务2 打印设置	0.5课时
任务3 打包设置	1课时

任务1 输出 PDF

本任务主要是讲解输出 PDF 的设置。将制作完成的文件导出为 PDF 格式是最常用的导出方法。设置质量小的文件主要用于给客户查看文件，容量小，便于传输；设置印刷质量的文件主要用于送交印刷厂进行印刷，文件质量高，图像和文字显示清晰。

1. 输出印刷质量的PDF

输出印刷质量的 PDF 的方法如图 11-1~ 图 11-8 所示。

图11-1

01 打开一个制作完成的文件，本例讲解使用项目04的设计作品。

图11-2

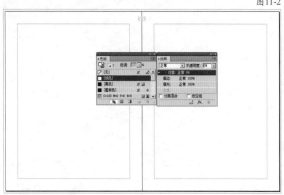

02 设置透明度拼合预设，使文字输出时自动转为曲线，确保不会丢失字体。透明度拼合的设置需要文件中的每一页都包含透明的元素。打开主页页面，用【矩形工具】在两个页面的中间位置绘制一个矩形，设置填充色为纸色，不透明度为"0%"。

图11-3

03 执行"编辑/透明度拼合预设"命令，单击【新建】按钮，设置【栅格/矢量平衡】为"100"，【线状图和文本分辨率】为"600"，【渐变和网格分辨率】为"300"，选中【将所有文本转换为轮廓】复选框和【将所有描边转换为轮廓】复选框。

图11-4

图11-5

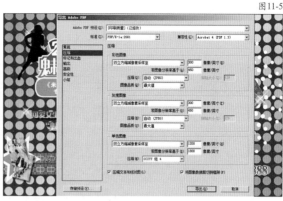

04 单击【确定】按钮，执行"文件/导出"命令，设置文件名，保存格式为PDF，选择保存路径，单击【保存】按钮，设置【Adobe PDF预设】为"印刷质量"，【标准】为"PDF/X-1a：2001"，在【页面】选项组中取消选中【跨页】复选框，因为印刷厂需要拼版，其他均保持默认设置。

05 单击左边的【压缩】选项卡，可看到图像的像素比较高，图像品质是最大值。

图11-6

图11-7

06 单击左边的【标记和出血】选项卡，选中【所有印刷标记】复选框，设置【类型】为"默认"，【位移】为"3毫米"，选中【使用文档出血设置】复选框。

07 单击左边的【高级】选项卡，在【预设】下拉列表中选择"拼合预设_1"。

图11-8

08 单击【导出】按钮，完成输出PDF的操作。在保存的路径中打开PDF文件，设置的印刷标记在页面中可以看到，这可以使印刷厂的工作人员一目了然，便于印刷品的套准与裁切。

小提示 制作知识

此导出方法适用于无法嵌入的字体，即在输出时弹出提示对话框，说明文中某些字体无法嵌入到PDF文件中，这时，需要设置透明度拼合预设，导出时自动将文字转曲。如果文字都可以嵌入到PDF中，直接导出文件即可。若文件中的文字使用特效或文件中有表格内容都不能使用自动将文字转曲的导出方法。

↘ 2. 输出最小质量的PDF

输出最小质量的 PDF 的方法如图 11-9~图 11-12 所示。

图11-9

01 打开一个制作完成的文件，本例讲解使用项目06的设计作品。

图11-10

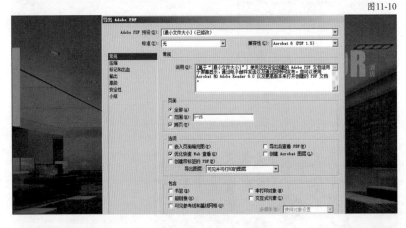

02 执行"文件/导出"命令，设置文件名，保存格式为PDF，选择保存路径，单击【保存】按钮，设置【Adobe PDF预设】为最小文件大小，在【页面】选项组中选中【跨页】复选框，其他均保持默认设置。

图11-11

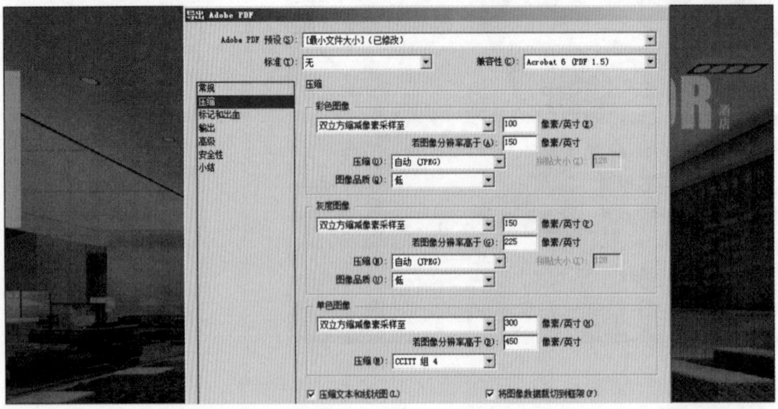

03 单击左边的【压缩】选项卡，可看到图像的像素比较低，图像的品质也较低。其他各选项均保持默认设置即可。

图11-12

04 单击【导出】按钮，完成输出 PDF的操作。在保存的路径中打开PDF 文件进行预览。

任务2 打印设置

本任务主要讲解打印的设置，将制作后的文件打印，进行校对检查。

图11-13

01 打开一个制作完成的文件，本例讲解使用项目08的设计作品。

图11-14

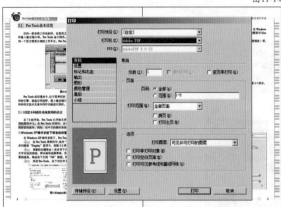

图11-15

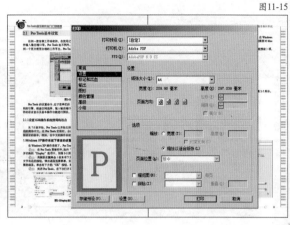

02 执行"文件/打印"命令,在【打印机】下拉列表中选择使用的打印机,在【常规】选项组中输入要打印的份数,在【页面】选项组中选中【全部】单选按钮,取消选中【跨页】复选框。

03 单击左边的【设置】选项,设置【纸张大小】为"A4",在【选项】选项组中选中【缩放以适合纸张】单选按钮。

图11-16

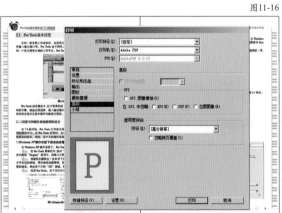

图11-17

04 单击左边的【高级】选项,在【透明度拼合】选项组中设置【预设】为"高分辨率"。

05 单击【打印】按钮,打印文件。本例在步骤02中选择Adobe PDF打印,因此打印效果为PDF格式的文件,若选择物理打印机,则打印出纸稿。

任务3 打包设置

本任务主要讲解打包的设置。打包可以将制作文件、链接图片复制到指定的文件夹中，以规整文件，避免文件混乱，也可以将打包的文件送交印厂或复制到其他电脑中继续制作。打包设置如图 11-18~图 11-22 所示。

图11-18

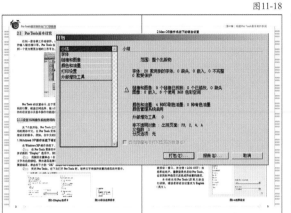

图11-19

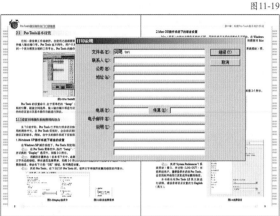

01 执行"文件/打包"命令，弹出【打包】对话框，用于检查文件。

02 确认无误后，单击【打包】按钮，弹出【打印说明】对话框，用于对文件进行备注。

图11-20

图11-21

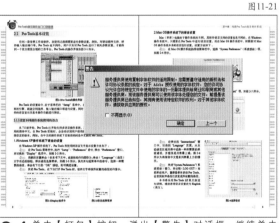

03 单击【继续】按钮，选择保存路径，对话框下方的选项保持默认设置即可。

04 单击【打包】按钮，弹出【警告】对话框，继续单击【确定】按钮。

图11-22

小提示 制作知识

复制字体（CJK 除外）：复制所有必需的各款字体文件，而不是整个字体系列。

复制链接图形：复制链接图形文件，链接的文本文件也将被复制。

更新包中的图形链接：将图形链接（不是文本链接）更改为打包文件夹的位置。如果要重新链接文本文件，必须手动执行这些操作，并检查文本的格式是否还保持原样。

包含隐藏和非打印内容的字体和链接：打包位于隐藏图层上的对象。

查看报告：打包后，立即在文本编辑器中打开打印说明报告。要在完成打包过程之前编辑打印说明，可以单击【说明】按钮。

05 在保存的路径下找到前面保存的文件夹，文件夹中有4个文件：字体、图片、打印报告和indd文档。

项目12

工作流程实例

什么是工作流程实例？

本项目以一个计算机排版工作任务为例，讲解从原稿到输出的完整工作流程。本项目的实例没有详细的操作步骤讲解，只是剖析了"准备工作→排版过程→检查输出"的工作流程，以及在各个工作流程中需要注意的一些问题。

我们需要掌握什么？

正确的工作流程，排版过程中需要注意的问题，如何检查文件。

课时安排

任务1 排版前的工作

磨刀不误砍柴工，好的开始是成功的一半，在开始排版之前首先要做足准备工作，例如分析Word 原稿、收集齐排版相关的信息等。

1. 分析Word原稿

接到一个新的排版任务，在拿到 Word 原稿时需要了解这本书稿的整体结构有哪些，例如 1 级标题、2 级标题、3 级标题、4 级标题、正文、步骤、小知识和小技巧等。了解书稿内容结构后，查看美编所给的模板文件中这些内容是否都已设计，然后将模板文件中设计的样式与 Word 原稿进行对照，了解哪部分内容使用什么样式，如图 12-1 所示。

图12-1

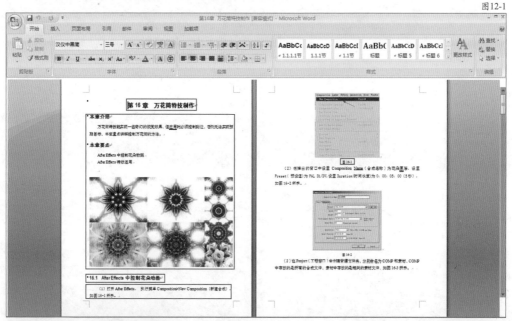

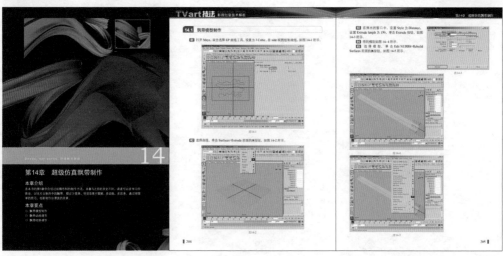

模板文件，对应Word原稿中的结构

2. 信息收集

了解书稿内容之后，还需要向编辑了解以下信息。

（1）原稿是否齐全（扉页、内容提要、前言、正文、书名、作者名、篇章页的图和彩插等）。

（2）原稿一共多少页。

（3）本书成品尺寸是多少。

（4）本书是彩色印刷还是黑白印刷。

（5）在排版中有什么内容需要特别注意。

任务2 排版流程

规范地管理好各级文件夹，这对提高工作效率有很大的帮助。另外，在排版过程中，要小心各种"陷阱"，如果排版经验还不是很丰富，建议排完一个对页后停下来检查一下，看是否有排版错误，若等到排完很多页后才发现严重的排版错误，将会增加很多工作量。

1. 建立规范的文件

在工作之前，建立文件一定要规范，便于自己或是其他人查找。笔者通常将 1 级文件夹建立为"工作内容+小组+人员"，例如"包装 280 例精讲 +A 组 + 张三"文件夹，这样分工再多也能一下就找到负责此任务的人员。2 级文件夹放置模板文件和各章制作文件，各章文件夹下放置 indd 制作文件 +Links（链接图片）+ 备份文件夹 + 与本章制作内容相关的 Word 原稿，如图 12-2 所示。

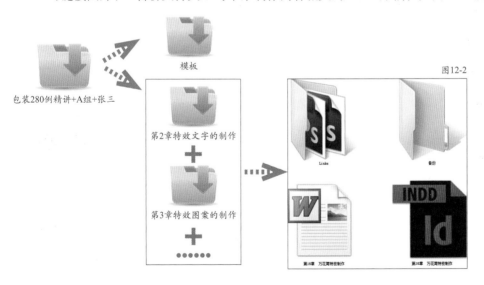

图12-2

小提示 制作知识 存储为和存储副本的区别

经常存储文档有助于保护文件，存储备份则避免文档发生损坏时无备份文件。存储备份文件时要选择正确的存储方法，文件菜单下有 3 种存储方式：（1）存储，存储当前文件；（2）存储为，选择存储的路径，修改文件名，存储后则替换当前的文件；（3）存储副本，当前文件不变，在指定的存储路径中会出现存储的副本文件。建议使用存储副本操作，不建议使用存储为，存储为操作会扰乱当前操作的文件，导致最后弄不清哪个是当前操作的文件。

2. 排版工作中需要注意的问题

下面进行实例的操作讲解，本小节旨在讲解排版的流程，对于制作步骤只做简略的讲解，相关的操作步骤可参考前面的内容，具体如图 12-3~ 图 12-19 所示。

图12-3　　　　　　　　　　　　　图12-4

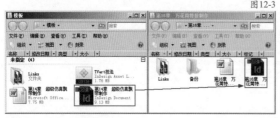

01 将"模板"文件夹的indd文件复制粘贴到"第16章 万花筒特技制作"文件夹中，并将文件重命名，使其与文件夹的名称相同。

02 将"模板"文件夹的"Links"文件夹下的"页眉右"和"页面左"复制粘贴到"第16章 万花筒特技制作"文件夹的"Links"文件夹中。

图12-5

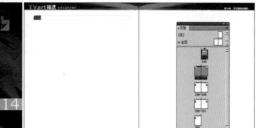

03 打开"第16章 万花筒特技制作indd"文件，只保留篇章页和修饰标题的图形，其余页面都删除，然后在【页面】面板中新建页面。

小提示 制作知识

本例的模板为第 14 章，而笔者分到的工作任务为第 16 章。

小提示 制作知识

模板文件夹里的内容不能随意改动，使用时建议将其复制粘贴至其他文件夹下再进行更改。

小提示 制作知识

在通常情况下，每章的内容都是从奇数页开始，偶数页结束。

图12-6　　　　　　　　　　　　　图12-7

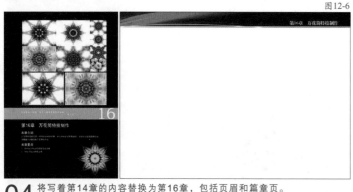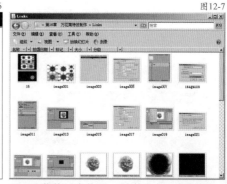

04 将写着第14章的内容替换为第16章，包括页眉和篇章页。

05 将第16章的Word文档另存为网页格式，然后挑选清晰的图片，将清晰的图片剪切粘贴到"Links"文件夹下。

小提示 制作知识

在挑选清晰图片时，一般选择容量大的图片，但也会有特殊情况发生，就是选择的大容量图片反而不清晰，这就需要与另一张相同的图片进行对比，不清晰的图片上会有明显的噪点。

图12-8　　　　　　　　　　　　　图12-9

清晰图片　　　　　　　　　　不清晰图片

小提示　制作知识

从 Word 中导出的图片，不能直接使用带有后缀名为 ".files" 文件夹里的图片，一旦直接使用这个文件夹里的图片，如果误删了与这个文件夹有关联的文件，则该文件夹也会一并被删除掉，所以建议读者将使用到的图片复制粘贴到规定的链接图片文件夹里。

图12-12

图

图12-10　　图12-11

与 "图.files" 文件夹相关联的文件，将其删除后，"图.files" 文件夹也会跟着被删除。

建议不要直接使用该文件夹里的图片。

图.files

图12-13

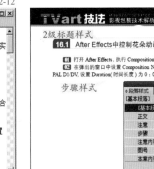

06 将第16章的Word文档另存为纯文本格式，为的是去除Word中的样式。

07 将纯文本格式的第16章内容置入InDesign页面中，应用段落样式。

图12-14

图12-15

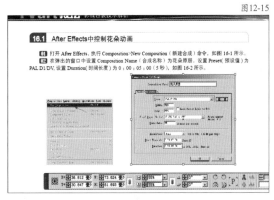

08 2级标题数字后面的空格为全角空格，快捷键为Ctrl+Shift+M；步骤图标后面的空格为半角空格，快捷键为Ctrl+Shift+N。排版一定要严谨，不能随意敲入空格键，有多余的空格要删除。

09 置入图片，在调整图片大小时建议使用控制面板上的x、y缩放百分比，使图片中的文字大小统一，使版面更好看。

图12-16

图16-1　　图16-2

10 将对应的图号从文本框中剪切粘贴出来，应用 "图号" 样式，图号与图的间距为2毫米，并且居中对齐，然后将图号与图编组。

小提示　制作知识

在排版时，建议使用文本串接的方式排版，以便于修改，但图号则需单独存在，以避免修改时图号错位。在调整完图号与图的距离时，应将它们进行编组，避免操作过程中误删除或移动。

在修改图片时，需要先将图片与图号取消编组，然后调整图片的大小，再与图号进行对齐，最后编组。不能在图与图号编组的情况下调整图片，否则会将图号的文字大小改变。

图12-17

图12-18

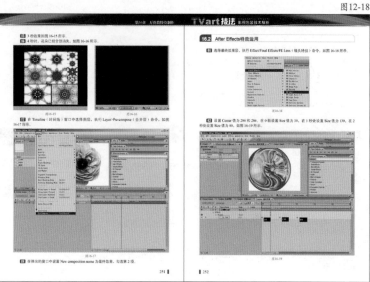

错误排法（图跨节）

正确排法（图没跨节）

11 在排版时，内容不能跨节，特别是图。不能为了让两张图凑在一块，而把第1节中的图放到第2节中。

图12-19

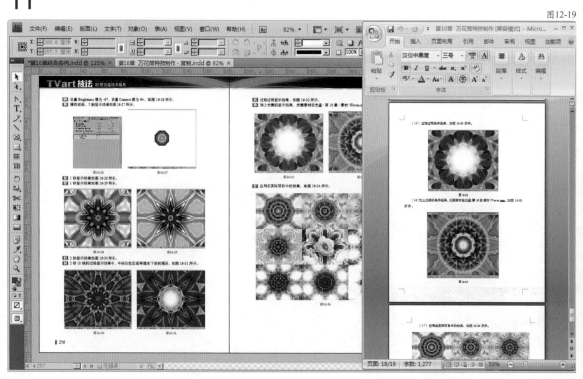

12 在排版的过程中，一定要对着原稿排，避免错排和漏排。

小提示 制作知识

　　图书版心的要求比较严格，通常各级标题、正文和图都不能超出版心，只能在版心内进行排版。页眉与页脚的位置在版心外，但与切口的位置至少要有 5 mm 以上的距离，避免印刷后期裁切时，文字被误裁掉，如图 12-20 和图 12-21 所示。

图12-20

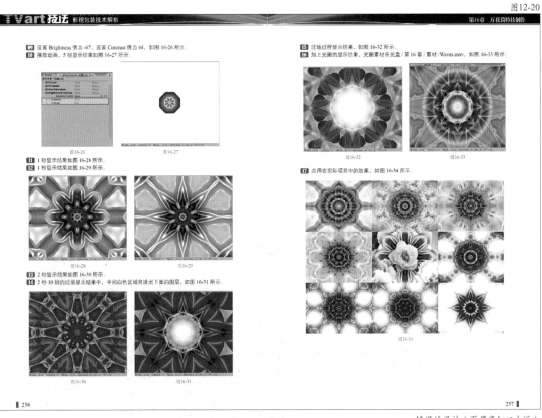

错误的设计（页眉离切口太近）

图12-21

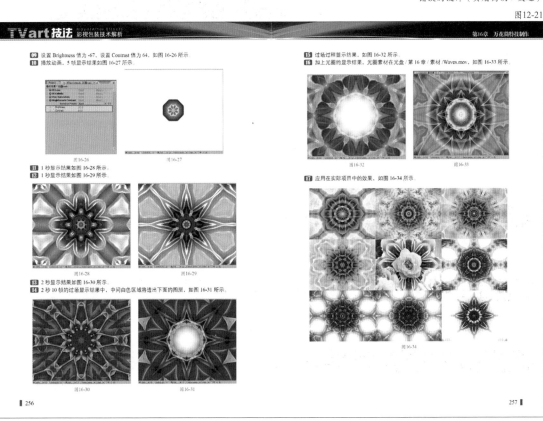

正确的设计（页眉距切口的距离至少5 mm）

任务3 文件的检查

排版完成后，一定要认真检查文件。计算机图书排版的重复性操作较多，其中包含的细节也比较多，比如各层级标题、正文、步骤、图号和附注说明等的样式都不相同，为了版面美观、层次分明，标题和步骤都带有修饰性的图案，而且各个对齐的方式也不统一，所以在这样重复和烦琐的操作中，一定会遗留下很多细小的问题，这就需要在做完工作以后进行详细检查，打印 Word 原稿和排版后的文件，校对异同和排版问题。

（1）检查同一章中页眉和篇章页里的 1 级标题是否一致。

图12-23

图12-22

页眉

篇章页

（2）检查各章和扉页的书名是否一致。

图12-24

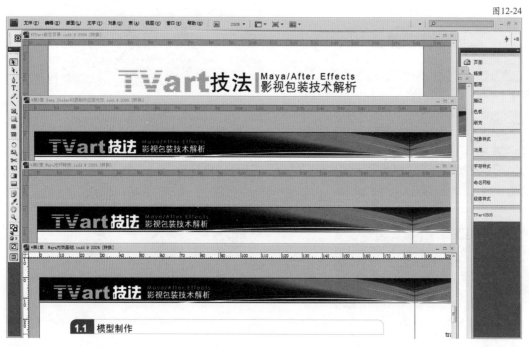

（3）检查目录中的章节名称、页码与各章节排版的是否相对应。

如果不是自动提取目录而是手动操作的，则这项检查要非常仔细。在修改各章排版文件时，如果页码有改变，则需要重新提取目录，避免目录中的页码与各章文件不对应。

图12-25

（4）检查各章衔接的页码是否正确。

图12-26

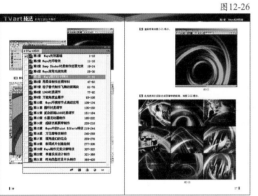

（5）与原稿对比，检查是否串行、漏排和错排。

图12-27

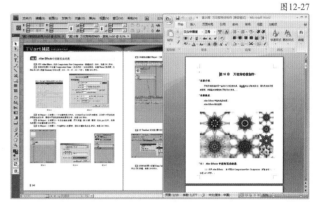

（6）检查是否用错样式、是否对齐。

图12-28

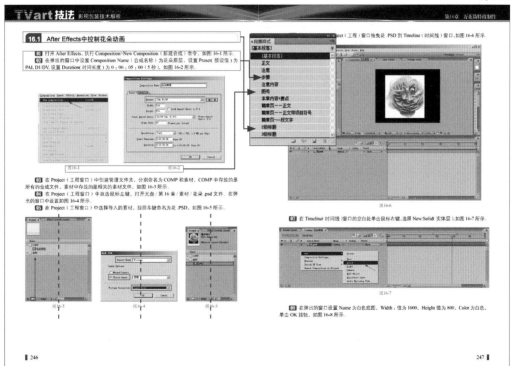

（7）检查图是否清晰。

图12-29

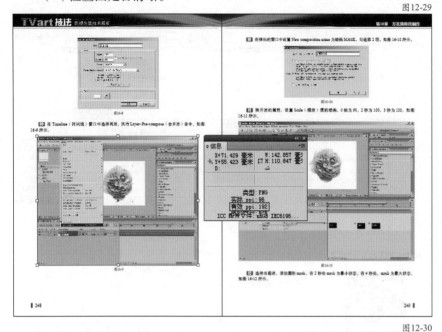

用【直接选择工具】选择图片，打开【信息】面板进行查看，有效ppi高于150的截屏图通常没有问题，其他图片视印刷条件而定。

图12-30

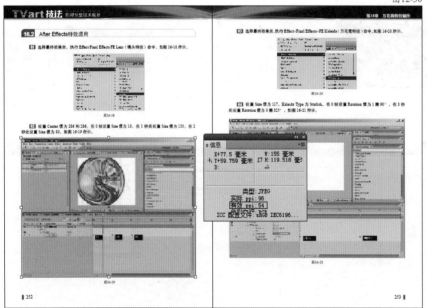

用【直接选择工具】选择图片，打开【信息】面板进行查看，有效ppi在100以下的图片或图片上明显有噪点的，则表示这张图片不能使用，需要检查在挑选清晰图片时是否选错图。

任务4 打包输出

做完以上工作后，就可以将文件打包并输出 PDF，然后交给客户确认并进行印刷，输出的相关知识请参见项目 10。

任务5 版式设计职业发展建议及职业道德规范

1. 职业发展建议

以下内容节选自某设计公司的设计师手册。

（1）写好个人工作记录规范

①时间。

②预计（任务 + 进度），可以有多件。

③实际（任务 + 进度），可以有多件。

注意：

不可以写得不明不白、含糊，协助他人的任务应说明“被协助人 + 任务 + 进度”。

每个工作日都应有相应个人工作记录。

（2）做好项目管理规范

①项目 PM 及时让组员统一文件名。文件名如：原书名 + 日期 + 姓名（如果本工作不是一天完成，日期要接着在后面写，不得修改前面的日期）。

②项目 PM 要及时跟进进度，每天了解项目的进度和情况，做到心中有数。

③项目 PM 在笔记中必须清楚地记清项目进度和相关干系人。

④遗留问题要在笔记中认真记清，要让人能看懂，格式：编号 +【要给谁看】+ 第几页（页码一定要记准）+ 什么位置（最好写上小节的编号和名称）+ 什么问题（问题要用大白话讲述清楚，并且说明在改校时是否已改动）。

（3）工作规范

①各组有固定工作区域，不得擅自在其他区域办公。

②每人每天都应将自己的桌面整理干净、各种物品摆放整齐。

③保持“安静”工作状态，无论在办公室还是楼道中，都必须小声说话、交流。

④每天的工作时间为（上午）9 : 00 — 11 : 30；（下午）1 : 00 — 5 : 00，不得迟到、早退。

⑤请假需写假条，并说明理由，要第一时间通知项目 PM。

（4）排版通用规范

①排版时需要读内容判断结构。

备注：有些书稿会有结构混乱的问题，所以在接到活的第 1 天，需要做理清书稿结构的事情，为后面的顺畅排版做准备工作，所以这个环节要认真，这也是锻炼自己思路清晰的一个方法。做任何事情，都需要思路清晰，明确目的。

理清自己任务的结构后，组员需要一起讨论，达成统一。未能达成统一的地方要在第 1 次与项目负责人沟通时提出，避免排版完成后还出现层级不统一的情况。

②每个人都要做排版记录，并且要记清楚位置，让别人能读懂。要把排版稿页码和原稿页码都记上。这些记录都要留在印象笔记的项目遗留问题里。

③排版稿中如果有标注页码的地方一定要做记录。例如，详细操作步骤请参考 ×× 页，有类似的内容要记录它所在排版稿的页码和原书页码。

备注：因为排版后的页码有可能与原书页码不一样，所以有标注页码的地方是错的，后期要修改。

④如何处理排不开，不会排的问题。

a. 排版上体现阅读顺序，层级的先后顺序。

我们在处理版面关系的问题上，无非是正文与图、步骤与图、正文 + 步骤 + 图、步骤 + 小贴士等，它们的搭配关系如何处理才合理、才好看呢?

首先要合理，要满足基本原则、逻辑关系。各级标题要有各级标题的范儿，不要把它们掖到角落里，或是喧宾夺主，把正文和图放前面，标题放后面，这都是错误的。

摆清楚标题的位置后，需要靠间距分隔出层

级之间的关系，没有硬性规定必须是几毫米，统一即可，特殊页面特殊调整。只需记住，上一个内容与二级标题的间距大于二级标题与正文或三级标题的间距，逐层递减。并列内容，间距要保持一致。

正文>图片>步骤>小贴士，但也有特殊情况，例如，为了版面对齐，会先图后文。

b.排版拼凑的几种方法。

整本书两栏排的情况，横图没问题，竖图两栏排就会占地儿很大，这时就要考虑是否3栏排合适。

整本书3栏排的情况，遇到整个软解的界面截图，放3栏会很小，截图里的文字看不清，这时就要考虑是否两栏排更合适。

1页当中出现多种分栏情况，它最好出现在头或尾的位置，不要出现在中间。例如：2/3页是两栏，最后1/3是3栏。

找到合理的对齐位置，整个版面看到的大结构是横列和纵列都是对齐的。这会体现出"豆腐块"的感觉。

图片人为地处理一下，会让排版更顺畅一些。例如计算机书中的步骤图和面板图，可以考虑在不遮挡主要物体的情况下，将面板截图放在步骤图里。两张合在一起的上下竖图，可以考虑将它们拆开，成为两个左右并列的竖图。

如果两张图片不能被放大，又需要与下面的内容对齐，那么可以考虑错位叠图的方法。

⑤特殊情况的处理。

特殊情况的处理也就是违背一些原则的处理，一些矛盾的处理方法。

要求不能有太多留白的地方，但是留白或多或少不可避免，但是要想方法把留白处理得足够小。

为了版面的美观，有时需要调整正文与图片的顺序，但是阅读顺序和大的层级结构是不能改变的。

2. 职业道德规范

作为一名版式设计师应当遵守以下准则。

第一条 尊重客户，提供优质服务；快速响应客户需求，提供优质服务，依法保护客户的权益和商业机密，尊重客户的自主选择权。保证提供没有任何瑕疵包括知识产权瑕疵的作品。

第二条 敬职敬业，提高专业设计能力；发扬爱岗、敬业的精神，树立正确的人生观、价值观。努力提高专业能力，包括论证能力、协调能力、观察能力、理解能力、创新思维能力和表达能力等。提高工作效率，创作优秀的设计作品。

第三条 自觉追求完美，勇于创新。设计师必须以认真负责的态度，不断增强职业竞争素质，反对粗制滥造、玩忽职守的行为发生。自觉追求完美，努力实现作品价值的最大化，提供符合客户需求的设计作品。

第四条 尊重同事，团结互助；设计师之间应互相尊重对方人格尊严、宗教信仰和个人隐私，禁止任何形式的骚扰和造成胁迫性或敌对性工作环境的行为，应发扬团队合作精神，树立全局意识，共同创造、共同进步，建立和谐的工作环境。设计师之间应建立平等、团结、友爱、互助的关系，提倡相互学习、相互支持，开展正当的业务竞争。

第五条 与业务伙伴友好合作；本着互惠互利、合作共赢的原则与业务伙伴友好合作、共同发展。在与业务伙伴进行商业交往时，禁止收受其提供的贿赂、回扣或者其他可能影响商业判断的重大利益，尊重业务伙伴企业文化的同时，按照商业礼仪对待业务伙伴及其商业代表。

第六条 遵守纪律，维护集体利益；遵守公司规章制度，服从领导安排，对工作认真负责，不泄露公司商业秘密，自觉维护集体利益，个人利益服从集体利益，局部利益服从整体利益。把个人的理想与奋斗融入集体团队的共同理想和奋斗之中。